視覚素材

退行性病変　フィブリノイド（類線維素）変性、腎臓

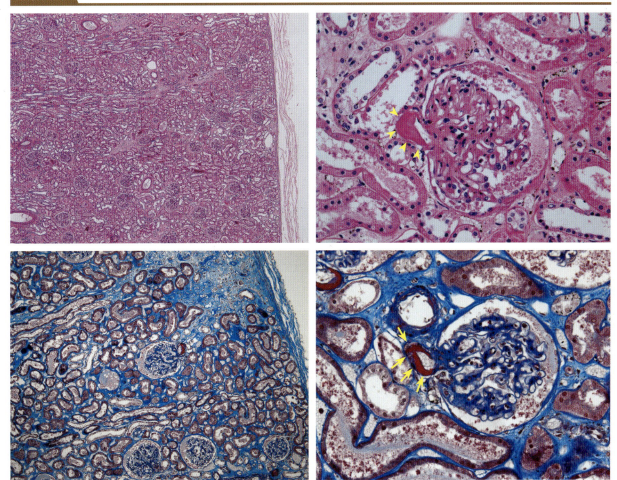

　皮質ではところどころ尿細管が萎縮し、間質に線維が増生している。小葉間動脈から糸球体に入る輸入細動脈は壁が均一無構造にエオジンで濃染し、内腔の狭窄を伴って壁が肥厚している（▶）。この壁の肥厚は線維素とガンマグロブリンの沈着でフィブリノイド壊死ともいう。MT染色で朱色に染まっている（→）。

退行性病変　アミロイド変性、心臓

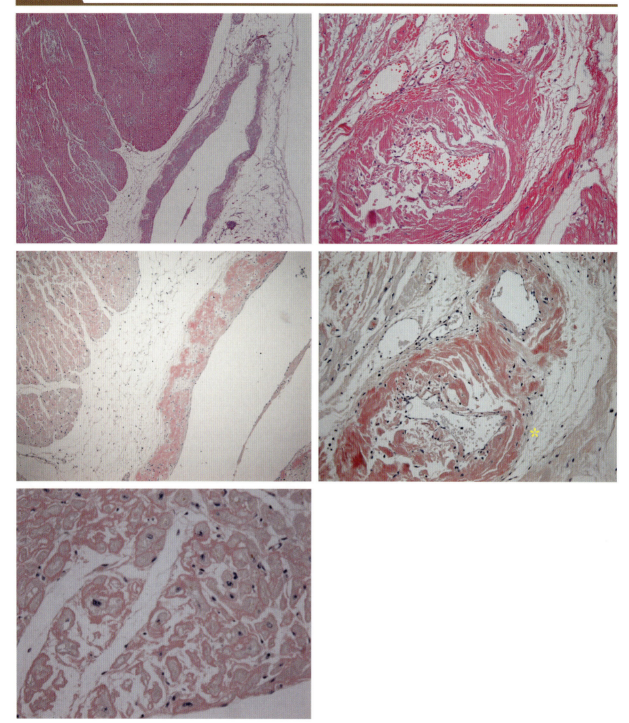

　心外膜の冠状静脈および心筋間質の血管壁や周囲にエオジンで赤く染まる硝子状均質な沈着物がみえる。さらに心筋線維間にもエオジンに濃染する沈着が認められ、心筋は肥大や萎縮、空胞化している。コンゴーレッド染色では、橙色に染まる物質が細胞外に沈着しているのがよく確認できる（✱）。この沈着により実質細胞が圧迫され機能障害を来すが、心臓では刺激伝導系への沈着により心停止を来す。

退行性病変　脂肪変性、肝臓

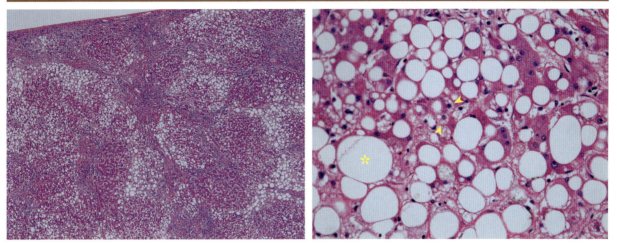

　多くの肝細胞は著しく肥大し、細胞質には不染性の丸い空隙が認められ、核は辺縁に押しやられている。隣り合った数個の細胞の脂肪滴が癒合して脂肪嚢を形成しているものもみられる（✶）。細胞質が泡沫状の小空胞よりなる小滴性変化も認められる。また正常な小葉構造は破壊され、増生した線維により小葉構造が改築され、脂肪化を伴う偽小葉が形成されている。
　肝細胞の脂肪変化には、大きな空胞が核を細胞の片隅に圧迫している大滴性と小空胞が、細胞質内に多数、びまん性に分布し、核は圧迫されることなく中央に位置する小滴性（▶）の2種類がある。

退行性病変　リポフスチン沈着、心臓

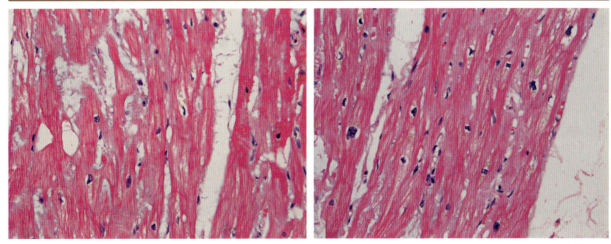

　萎縮した心筋細胞の核周囲に黄褐色の顆粒が確認される。リポフスチンは加齢により神経細胞、心筋細胞、肝細胞などに沈着する。また消耗性色素とも呼ばれ、栄養不良や癌性悪液質など消耗性疾患でみられる。
　リポフスチン沈着の高度な心筋や肝などは肉眼的に暗褐色を呈し、これは臓器の萎縮を伴うことが多いので褐色萎縮といわれる。

退行性病変　メラニン沈着、皮膚

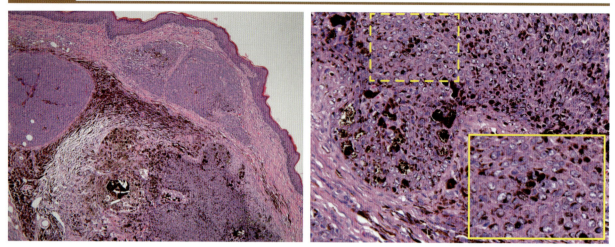

　黒色細胞腫の組織標本で、核小体の明瞭な類円形から紡錘型核を有する腫瘍細胞の細胞質に褐色から黒褐色の色素（メラニン）が多量に認められる。この腫瘍は皮膚のメラノサイトが腫瘍化したものである。メラニンは皮膚、毛髪、中脳黒質の神経細胞、網膜、虹彩にも観察される。右下の囲み部分（実線）は、左上の囲み部分（点線）の拡大である。

退行性病変　ヘモジデリン沈着、肝臓・脾臓

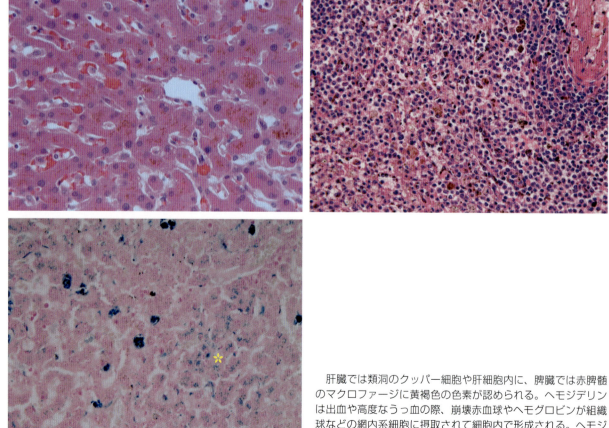

　肝臓では類洞のクッパー細胞や肝細胞内に、脾臓では赤脾髄のマクロファージに黄褐色の色素が認められる。ヘモジデリンは出血や高度なうっ血の際、崩壊赤血球やヘモグロビンが組織球などの網内系細胞に摂取されて細胞内で形成される。ヘモジデリンは黄から茶褐色の微細な顆粒として認められる色素で、ベルリンブルー染色により青く染まる（✱）。

退行性病変　ビリルビン沈着、肝臓

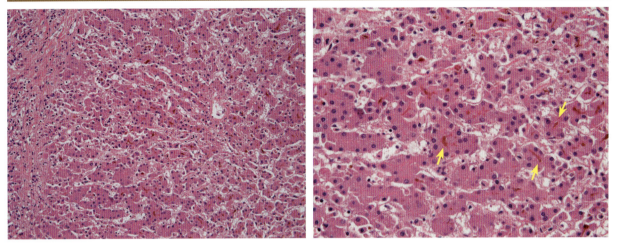

　肝細胞索の肝細胞間（拡張した毛細胆管）に赤から茶褐色の胆汁色素が確認される（→）。これは胆汁栓と呼ばれる。溶血、肝細胞障害、胆管閉塞などによって、毛細胆管にビリルビンが多量にうっ滞した結果である。

退行性病変　石灰沈着、冠状動脈

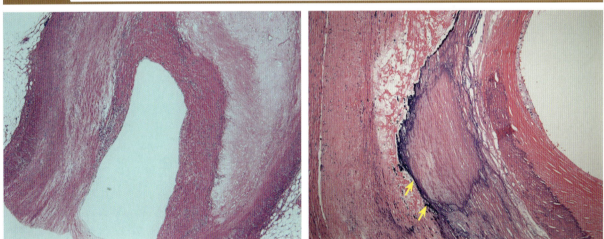

　粥状硬化症の冠状動脈である。粥状硬化症は内膜にコレステリンの沈着うあ泡沫細胞の浸潤を伴う線維化が起こり、内膜が肥厚し、血管内腔に狭窄を生じる。
　変性・壊死を伴う肥厚した内膜に好塩基性に染まる不整形な物質の沈着（石灰化）が認められる（→）。本例は異栄養性石灰沈着である。

退行性病変　炭粉沈着、肺門リンパ節

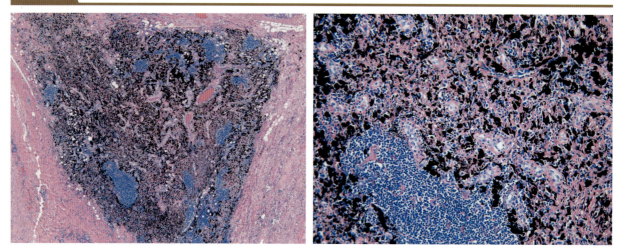

　空気中の塵埃や煙の成分（炭粉）の吸入により、肺や肺門リンパ節に不溶性の粉末が沈着し、マクロファージが貪食処理している像である。リンパ節では洞内のマクロファージに黒色の色素が確認される。

退行性病変　凝固壊死と線維化、心臓

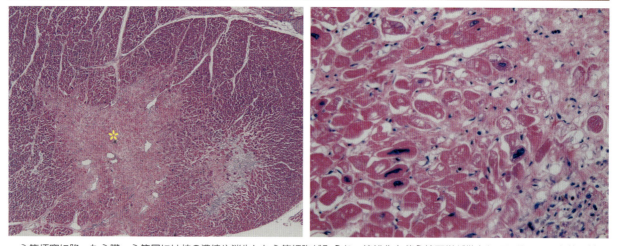

　心筋梗塞に陥った心臓。心筋層には核の濃縮や消失した心筋細胞がみられ、線維化を伴う壊死巣が散在している。この心筋の壊死は凝固壊死で、壊死脱落した心筋領域は線維化により置換されている。本例は時間の経過したやや陳旧化した梗塞巣（✱）である。

退行性病変　融解壊死、大脳

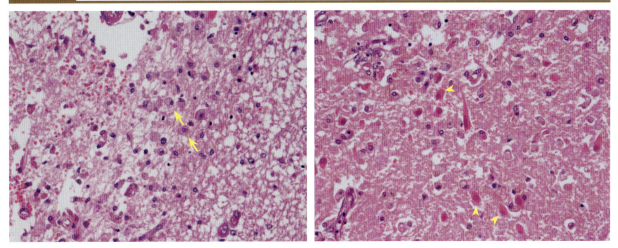

　大脳の梗塞で融解壊死による空隙形成がみられる。同部では、脂質を貪食した泡沫状の脂肪顆粒細胞が多数出現し（➜）、周囲で神経膠線維を産生する腫大した好酸性胞体よりなる星状膠細胞が認められる（▶）。

退行性病変　脂肪壊死、膵臓

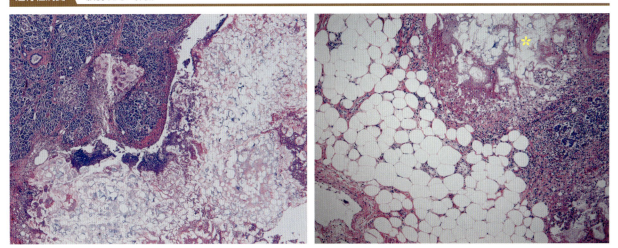

　急性膵炎の膵組織で、小葉間および小葉内間質に浮腫や好中球、リンパ球、マクロファージが浸潤し、小葉内外の脂肪組織が核を消失し、好酸性からやや好塩基性に染まる広範な脂肪壊死がみられる（✽）。これは膵液による自己消化による。

循環障害　良性腎硬化症（細動脈硬化性萎縮腎）、腎臓

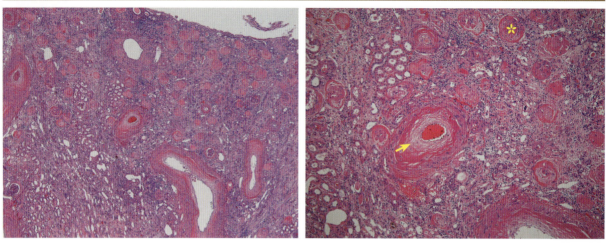

弓状動脈ないし小葉間動脈の内膜が線維性に層板状に肥厚している（➜）。細動脈から細小動脈にかけての動脈硬化性病変で、周囲の糸球体は虚血により硬化している（✱）。尿細管は萎縮や壊死に陥り、間質には線維化やリンパ球の浸潤がみられる。

循環障害　血栓と梗塞、腎臓

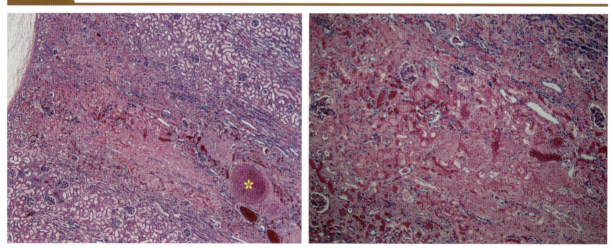

弓状動脈から小葉間動脈が血栓（✱）により閉塞され、皮質の糸球体および尿細管が虚血により楔形に壊死に陥っている貧血性梗塞である。壊死は凝固壊死で、核の染色性が失われ、組織は一様に好酸性を示しているが、糸球体や尿細管の輪郭が残っている。周囲の正常組織と比較すると核が消失しているのがよくわかる。

| 炎　症 | 線維素性炎：線維素性心外膜炎、心臓 |

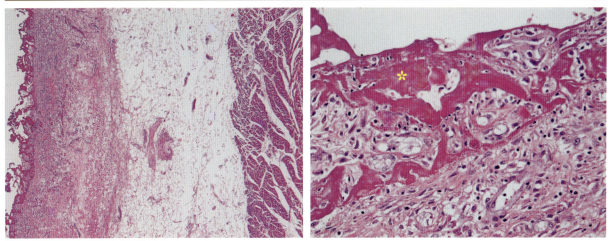

慢性腎不全に伴う線維素性心外膜炎である。心外膜は肥厚し、その表面には多量の線維素（✱）が付着し、その直下には好中球、リンパ球、形質細胞などの炎症細胞、線維芽細胞や毛細血管が増生し、肉芽組織の線維化が進んでいる。本例は腎不全に伴う尿毒症による変化である。

| 炎　症 | 化膿性炎：急性気管支肺炎、肺 |

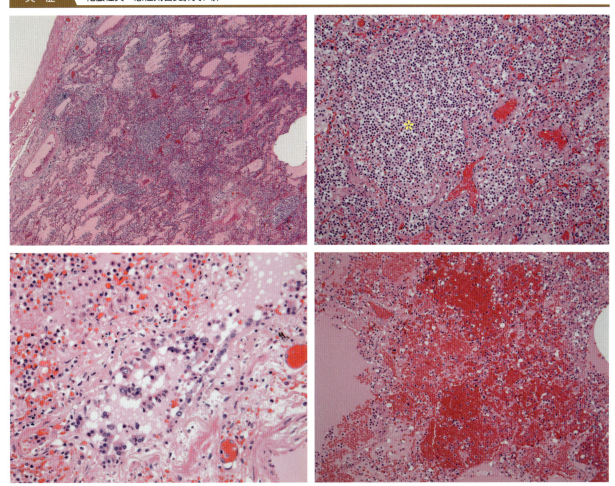

細気管支および肺胞に好中球やマクロファージを主体とする炎症細胞の浸潤（✱）や水腫により気腔が閉塞され、肺胞壁の血管は拡張している。また肺胞内には出血も認められ、浸潤したマクロファージにはヘモジデリン貪食もみられる。細気管支内には脱落上皮や好中球および滲出液がみられる。

| 炎　症 | 肉芽腫性炎：異物反応、腹壁 |

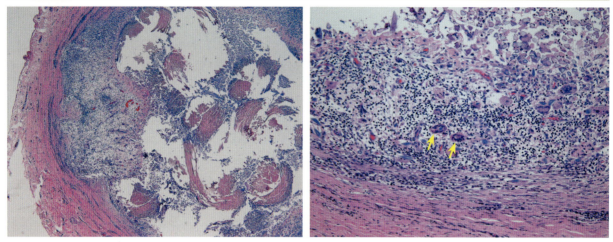

縫合糸を中に含み、好中球、リンパ球、形質細胞、マクロファージ、多核巨細胞を結合組織が結節状に取り囲んだ肉芽腫を形成している。これを異物性肉芽腫という。多核巨細胞（異物巨細胞）が糸を囲んだり、胞体内に貪食している（→）。

| 炎　症 | 肺結核症、肺 |

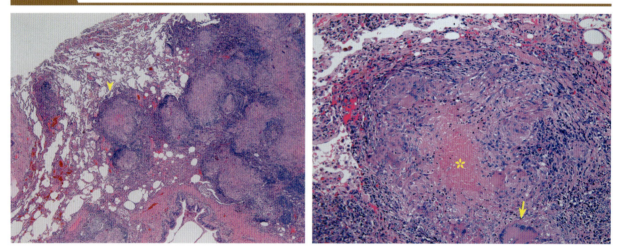

肺実質内のやや太い気管支に近接して大小の結節性病変が観察される。これは結核結節（➤）といい、中心部にエオジンで赤く染まっている凝固壊死である乾酪壊死巣（✱）がみられる。これを囲んで類上皮細胞が柵状に配列し、類上皮間には類上皮の核と類似した核が馬蹄形に配列した多核巨細胞であるラングハンス型巨細胞（→）を認める。さらにその周囲ではリンパ球や形質細胞が囲んでいる。

炎症　寄生虫による炎症：疥癬、皮膚

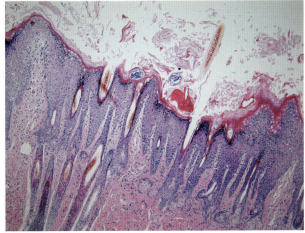
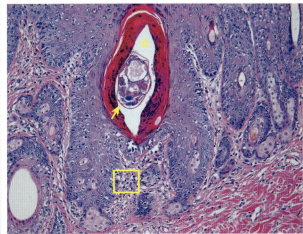
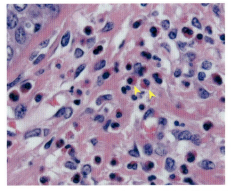

※右上の囲み部分（実線）の拡大

　表皮は角化が亢進し、表層には痂皮も散見され、表皮は棘細胞が増生し、表皮が肥厚している。表皮表層の角質内や表皮内にヒゼンダニ（➡）が侵入し、疥癬トンネル（✱）を形成している。周囲の真皮上層の血管周囲には好酸球（➤）を主体とする炎症細胞の浸潤がみられる。

炎症　原虫感染症：赤痢アメーバ症、大腸

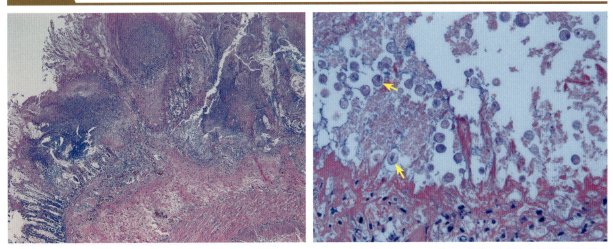

　大腸の粘膜は広範囲に融解壊死に陥り、一部では粘膜固有層が欠損した潰瘍も観察される。壊死は粘膜固有層から粘膜下層におよび、壊死部には卵円形の *Entamoeba histolytica* の栄養型（trophozoite：➡）が多数認められる。周囲ではマクロファージやリンパ球、形質細胞の浸潤も認められる。

| 腫瘍類似性病変 | 皮脂腺過形成、皮膚 |

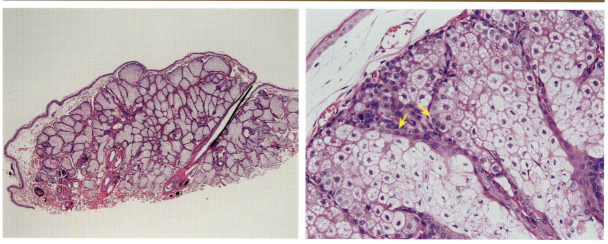

　皮膚の隆起病変として認められたものである。真皮の上層から中層にかけて、毛包周囲に成熟した皮脂腺が多数増生し、表皮を外方に押し上げている（左図）。
　皮脂腺小葉は、周囲を円形の核と好塩基性に染まる少量の細胞質をもった基底様細胞（→）に囲まれており、基底様細胞は毛包へ開口する導管に向かって徐々に脂肪を豊富にたくわえた大型の細胞へ成熟している。正常と同様の細胞で構成された皮脂腺の増殖性病変である（右図）。

| 腫瘍性病変：良性腫瘍 | 平滑筋腫、子宮 |

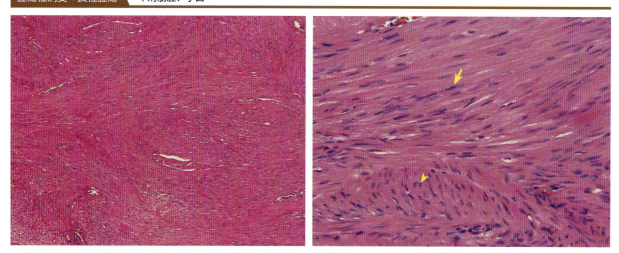

　子宮の入り口から膣に向かって、ポリープ状に隆起した病変として認められたものである。平滑筋様の紡錘形腫瘍細胞が束状にまとまって錯綜しながら増殖している（左図）。
　腫瘍細胞の核は細胞の走行により長楕円形（→）あるいは短楕円形（▶）を示す（右図）。核分裂像の増加や凝固壊死は認められず、良性腫瘍の平滑筋腫であると考えられる。

腫瘍性病変：悪性腫瘍　　肥満細胞腫、皮膚

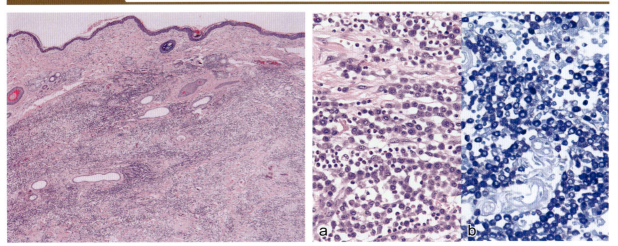

　皮膚の隆起性病変として認められたものである。腫瘍細胞が真皮上層から皮下組織にかけて、真皮の膠原線維や皮膚付属器を破壊しつつ、分け入るようにびまん性に浸潤増殖しており、周辺組織との境界は不明瞭である（左図）。

　構成細胞は円形から類円形の核と、やや酸性の豊富な細胞質を有する円形から類円形の細胞であり（右図a）、腫瘍細胞とともに、多数の好酸球の浸潤も認められる。細胞質内の顆粒は、正常の肥満細胞と同様に、トルイジン青染色で紫色の異染色（染色液と異なる色に染まること）を示す（右図b）。

腫瘍性病変：悪性腫瘍　　扁平上皮癌、舌

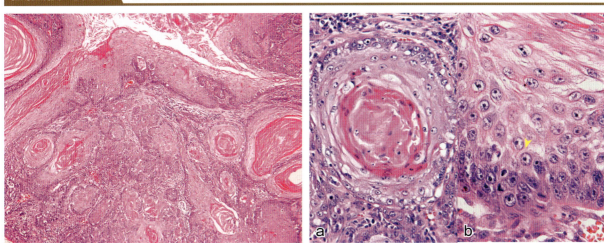

　舌根部の隆起性病変である。扁平上皮に類似した腫瘍細胞が、充実性の腫瘤を形成しながら、表層から真皮に向かって浸潤・増殖している（左図）。

　腫瘍は重層扁平上皮と同様に基底細胞から角化にいたる層状の構造を有しているが、細胞異型が強く、渦巻き状に配列した癌組織の中心部に角化巣がみられる癌真珠が観察される（右図a）。

　また腫瘍細胞間には、正常重層扁平上皮の有棘層でみられる細胞同士の接着装置、すなわち組織上での細胞間橋（細胞同士を結ぶようにみえる細いはしご状の構造）観察される（右図b）。癌真珠や細胞間橋は高分化型扁平上皮癌で認められる。

腫瘍性病変：悪性腫瘍　　腺癌（胆管癌）、肝臓

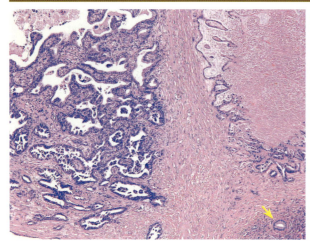 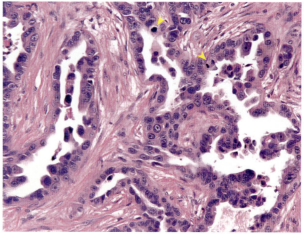

　腹部内の腫瘤として確認され、肝臓の一部とともに摘出されたものである。腫瘍細胞は周囲の結合組織を伴いながら増殖し、正常の胆管（→）に比べて、構造異型を示す腺管を形成しながら、あるいは管腔内に乳頭状に増生している（左図）。
　腫瘍細胞は類円形で核小体の明瞭な核を有しており、N/C比が増大し、多形性など強い細胞異型を示し、類円形で核小体明瞭な核を有しており、細胞分裂像（➤）も認められる（右図）。

腫瘍性病変：悪性腫瘍　　腺癌（乳癌）、乳腺

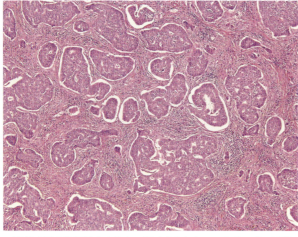 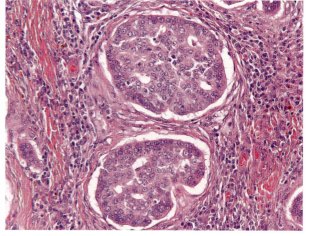

　腹部皮下の隆起性病変として認められたものである。犬の正常の乳腺は内腔上皮細胞と筋上皮細胞の2種類の細胞で構成されるが、これは内腔上皮細胞由来細胞のみで構成された単純型腺癌である。
　腫瘍細胞は充実性に増殖しており（左図）、核小体が明瞭で円形の核をもった腫瘍細胞は腫瘍内部に形成されている多数の小さな管腔を囲むように並んでいる。このような構造は、「篩（ふるい）」のようにみえることから篩状構造と呼ばれる（右図）。

動物看護学教育標準カリキュラム準拠

専門基礎分野

動物病理学

全国動物保健看護系大学協会　カリキュラム検討委員会　編

序　文

　近年の獣医学および獣医療の多様化・高度化には目を見張るものがあり、複雑多岐に変容する獣医療に対応するためには、獣医学教育の高度化は必然である。それと同時に獣医療を補助・支援し、生命倫理の理念に基づく動物看護や臨床検査等の高度な専門技術者の育成を求める声が高まっていることは周知のとおりであろう。

　動物保健看護教育を推進する大学（倉敷芸術科学大学、帝京科学大学、日本獣医生命科学大学、ヤマザキ学園大学、酪農学園大学＜五十音順＞）では、動物保健看護学教育の推進と動物看護並びに獣医療の発展に貢献することを目的として、2008年に全国動物保健看護系大学協会を設立した。動物看護学教育における標準カリキュラムの作成と検証、それらに対応した教科書作成、さらにカリキュラムの改訂は大学の使命だといえる。

　これまで、当協会では、高位平準化を目標にした動物看護学教育標準カリキュラムを2008年から2011年まで検討を重ね、2011年12月には「動物看護学モデル・コア・カリキュラムの基準となる教育項目一覧」を策定した。その後、動物看護学教育において専修学校と大学が異なるカリキュラムで、異なる教育を行うのは混乱を招くという理由から、全国動物教育協議会とカリキュラムの整合性を図り、内容や単位数を削減して2012年11月に「動物看護学教育標準カリキュラム」を公表した。

　動物看護学教育標準カリキュラムに沿った一定基準の教育を進めるためには、教材としてカリキュラム準拠教科書が必須であり、2013年4月より本格的に制作を開始させた。

　動物看護学教育におけるこのような本格的な教科書制作は、日本で初めての取り組みである。そのため、基となる適切な資料がなく、時間的制約も厳しいなかで、制作は困難を極めた。このような状況の中でほとんどの科目のカリキュラム準拠教科書が発刊した。出版に携わった多くの著者の先生方、編集委員の先生方には心から感謝したい。さらに、カリキュラム準拠教科書制作の過程で、加えた方が良い内容や軽減すべき内容、他の科目で取り扱った方が適当と考えられる内容等、さまざまな意見が出てきた。また、カリキュラム検証委員会も立ち上がり、各大学間でのカリキュラム導入状況を調査検証することになった。種々の活動の中で標準カリキュラムの改訂を行う必要がある。

　この動物看護学教育標準カリキュラム準拠教科書の存在が、日本での動物看護学の高位平準化に少しでも貢献できることを願ってやまない。

2015年3月吉日

全国動物保健看護系大学協会
動物看護学教育標準カリキュラム検討委員会委員長
左向敏紀

動物看護学教育標準カリキュラム準拠
「動物病理学」発刊にあたって

　現代の獣医学・獣医療は伴侶動物から産業動物における健康と疾病に関する課題が多岐にわたり、さらに防疫や治療分野の知識・技術は高度化している。これらの課題に対処するには獣医師だけでなく、しっかりとした知識・技術を備えた動物保健看護領域の専門家の育成が教育に求められている。こうしたなか、序文で述べられている経緯を経て「動物看護学教育標準カリキュラム」が策定され、このカリキュラムに準じて病理学の教科書として動物保健看護系大学で病理学の教育を担当している4名の教員の執筆により、「動物病理学」を作成した。本書は動物看護の専門家を目指す学生諸氏はもとより、動物医療技術の専門家や研究者、獣医学や獣医療あるいは生命科学の知識を必要とする企業や研究所の専門職を目指す学生諸氏の基礎となる病理学の習得に役立つことを期待する。

　病理学は疾病の原因、発症の機序、病気の表現と経過、さらには帰結にいたる疾患全体を捉えて理解するもので、これにより疾病の予防と治療に役立つ重要な学問である。すなわち動物の保健・看護実践の基礎となる重要な教科である。

　本書では多種の動物の疾病を対象とした広範な比較病理学ではなく、疾病を理解するための基本的病理学の考えを捉えた教科書の作成を目指した。具体的には各章は体系化された病理学総論に基づいて組み立て、ここでは疾病全体を理解するための病理学的用語とその定義と概念を記述した。また、一部の章では知っておくべき最新の知識も含まれている。

　本書では、動物看護学として重要な疾患、例えば死因や罹患率の高い疾患、発症機序が明らかな健康管理が重要となる疾患などを重視した記述はできていないが、今後、動物看護学の教授課題が明確になることにより、各論を含めた内容の充実が図られることを期待する。また、病理形態学の理解には図説等不十分であり、講義・演習での補充をしていただき学習を深めていただきたい。

　最後に制作にあたり、ご多忙中、ご執筆いただいた先生方ならびに株式会社インターズーのスタッフの方々に深謝したい。さらに動物看護学の教育が充実し、動物看護専門家の公的資格化が実現することを願って挨拶とする。

2015年3月吉日

全国動物保健看護系大学協会
動物看護学教育標準カリキュラム「動物病理学」制作委員会
湯本典夫

監修者

湯本典夫 前 日本獣医生命科学大学 教授

執筆者一覧 （五十音順）

関口麻衣子
帝京科学大学 准教授
第7章、第9章 担当

前田憲孝
倉敷芸術科学大学 准教授
第4章、第6章 担当

山本昌美
日本獣医生命科学大学 講師
第3章-3、第8章 担当

湯本典夫
上記参照
第1章、第2章、第3章-1・2、第5章 担当

目 次

序文 …………………………………………………………………………………………………… ii
「動物病理学」発刊にあたって ………………………………………………………………… iii
執筆者一覧 …………………………………………………………………………………………… iv

「動物病理学」全体目標 …………………………………………………………………………… 1

第1章　生体反応と疾病の機序 ……………………………………………………………… 3
　1．病理学の方法論 …………………………………………………………………………… 3
　2．病因論 ……………………………………………………………………………………… 4
　3．内　因 ……………………………………………………………………………………… 4
　4．外因（環境要因） ………………………………………………………………………… 5

第2章　生体の回復力（恒常性の維持）と疾病 ……………………………………………… 11
　1．生体恒常性維持機構 ……………………………………………………………………… 11
　2．内分泌系 …………………………………………………………………………………… 12
　3．免疫系 ……………………………………………………………………………………… 17
　演習問題 ………………………………………………………………………………………… 18

第3章　細胞や組織に生じる変化：退行性病変
（変性、萎縮、壊死・アポトーシス） ……………………………………………… 21
　1．変　性 ……………………………………………………………………………………… 21
　2．萎　縮 ……………………………………………………………………………………… 31
　3．壊死とアポトーシス ……………………………………………………………………… 32
　演習問題 ………………………………………………………………………………………… 35

目　次

第4章　細胞や組織に生じる変化：進行性病変（増殖と修復） …………… 37
1．細胞増殖のメカニズム ………………………………………………… 37
2．細胞傷害に対する細胞の適応 ………………………………………… 40
3．創傷の分類と病的損傷 ………………………………………………… 42
4．組織、細胞の修復と再生 ……………………………………………… 44
演習問題 …………………………………………………………………… 49

第5章　循環障害 …………………………………………………………… 51
1．血液の循環障害 ………………………………………………………… 51
2．組織液の循環障害 ……………………………………………………… 62
演習問題 …………………………………………………………………… 67

第6章　炎　症 ……………………………………………………………… 69
1．炎症の定義 ……………………………………………………………… 69
2．炎症の原因 ……………………………………………………………… 70
3．炎症による形態的変化 ………………………………………………… 71
4．炎症の分類 ……………………………………………………………… 78
5．急性炎症と慢性炎症 …………………………………………………… 79
演習問題 …………………………………………………………………… 83

第7章　免疫異常 …………………………………………………………… 85
1．免疫反応の基本 ………………………………………………………… 85
2．免疫異常による疾患 …………………………………………………… 91
3．移植における免疫反応 ………………………………………………… 94
演習問題 …………………………………………………………………… 95

contents

第8章　腫　瘍 ········· 97

1．腫瘍の定義 ········· 97
2．腫瘍の形態学的特徴 ········· 98
3．腫瘍の分類と命名 ········· 99
4．腫瘍の増殖 ········· 101
5．腫瘍の宿主への影響 ········· 102
6．腫瘍免疫 ········· 103
7．腫瘍の原因 ········· 103
8．腫瘍の発生メカニズム ········· 105
9．腫瘍の種類 ········· 107
演習問題 ········· 112

第9章　先天異常 ········· 115

1．先天異常の原因 ········· 115
2．胎子の発生段階と環境的要因（催奇形性因子）との関係 ········· 119
3．奇形の成り立ちと分類 ········· 120
演習問題 ········· 121

索引 ········· 123

動物看護学教育標準カリキュラムにおける

動物病理学
全体目標

さまざまな疾病がもたらす生体の変化について学び、
病的状態を理解するための基盤を修得する。
それを基に、病的刺激に対する細胞傷害と物質代謝異常、
細胞の死、細胞の適応、組織の再生と修復、循環障害、
炎症、生体防衛反応、腫瘍、先天異常について理解する。

高度化と多様化が求められる獣医療において、獣医師と獣医療従事者によるチーム獣医療提供の重要性が叫ばれている。しかしながら、我が国において獣医療を行うことが法的に許可されているのは獣医師のみであり、動物看護師資格は国家資格や公的資格ではなく、職域も定まっていないのが現状である。

　よって本書は、人と関わりをもつ動物を対象とする獣医療において、将来的に獣医療のあるべき姿としてのチーム獣医療体制の整備を前提とした上で、動物看護師が獣医師の行う診療行為を理解するとともに、動物看護実践が果たす重要な役割について獣医師が理解するために活用することも視野に入れた記載内容としている。

　そのため、本書の記載そのものが、動物看護師が「獣医師法」で規定されている飼育動物の診療業務や、既に職域が定まっている他の専門職の業務（例えば、「保健師助産師看護師法」で規定されている看護業務など）を実施することを許容するものではないことに留意されたい。

全国動物保健看護系大学協会　カリキュラム検討委員会

第1章
生体反応と疾病の機序

一般目標
生体の正常な反応と病的反応を知り、疾病の原因について理解する。

到達目標
1）疾病を起こす外因と内因について種類をあげて説明できる。
2）健康時と疾病時での変化について理解し、説明できる。

キーワード
病因、内因、種・品種・性、年齢、遺伝的要因、外因、物理的要因、機械的因子、温熱、放射線障害、電気、化学的要因、中毒、栄養障害、生物的要因、感染症、細菌、クラミジア、ウイルス、プリオン、真菌、寄生虫

　病理学（pathology）とは、疾病の原因（etiology）とその成り立ち（病態発生：pathogenesis）についての学問である。すなわち、その疾病の原因を明らかにし、その原因が生体にどのように作用し、それに対する生体の機能的・形態学的反応がどのようなものであり、その結果、どのような経過を経て疾病が進行、終息していくか、あるいは最終的結果に帰結するかを調べることにより、病気の本態を知る学問である。
　疾病の原因や発症のしくみが分かれば、疾病の表現や進展を理解することによって診断と治療、予防に反映される。このように、病理学は基礎と臨床の橋渡しを担う学問である。

1. 病理学の方法論

　Rudolf Virchow（1821～1902）は個体の真の構造的および機能的単位は細胞であって、細胞および細胞群の変化が病の本体であるという細胞病理学を提唱した。したがって、病理学では形態学的手法（肉眼、顕微鏡観察）を用いて解析する。

- 病理解剖：死亡個体の臓器や組織にみられる病変をとらえ、病態や病因を推測する。
- 外科病理学：生検あるいは手術材料の組織変化をとらえ、疾病の確定診断をする。
- 実験病理学：観察された病変を実験動物で再現し、病変の発現機序を解明する。
- 比較病理学：各種の動物でみられる病変を比較、検討することで、ある病変の発現機構の解明を行う。
- 分子病理学：病変の発現機構を分子生物学的手法によって解明するもので、分子診断としても

発展している。
- その他：地理病理学（疫学的病理学）、遺伝病理学など。

2. 病因論

すべての疾病には現在不明のものもあるが、必ず原因がある。疾病を引き起こす原因を病因といい、病因を研究する学問が病因論である。

疾病の原因が個体に内在しているものを内因（種、品種、性、年齢、遺伝性素因、内分泌系、免疫系）、個体を取り囲む環境要因を外因（物理的、化学的、生物学的要因、栄養障害）という。

3. 内　因

疾病の原因が個体に内在しているものを内因と呼び、種、品種、性、年齢、遺伝性素因、内分泌系、免疫系がこれに含まれる（内分泌系、免疫系については、2章および7章を参照のこと）。

■ 種、品種、性

さまざまな疾病に対する感受性や抵抗性は、動物の種類や品種、性によって異なる。例えば、犬では犬ジステンパーウイルスに対して高い感受性を示すが、猫の感受性は低いなど、いろいろな病原体に対する感受性は種特異的なものが多く、遺伝性素因にも密接に関連している。骨肉腫は犬や猫で発生するが、家畜ではまれである。さらにフェレットでは脊索腫が多く発生するなど、種による違いがある。

また雌雄で異なる器官が存在し、性ホルモンの機能制御の違いや伴性遺伝のような形質発現の違いのように、性に伴う内部条件の変動が関与する。犬の乳癌は雌に好発し、雄ではまれである。ヒトでは自己免疫疾患（関節リウマチ、SLE）や胆石症、鉄欠乏性貧血、骨粗鬆症は女性に多く、心筋梗塞や脳軟化症は男性に多い。

■ 年　齢

個体の発達段階に関連して疾病にかかりやすいものがある。乳幼児期、性成熟期、老年期に目立つ疾病がある。新生児では奇形と代謝異常、感染症、老年期では癌などが増加する。これは年齢により生体の恒常性維持機構で重要な働きをする神経系、内分泌系、免疫系の発達と変化（退行）に関係している。

■ 遺伝的要因

遺伝子の解析が進むにつれ、近年では疾患の多くが遺伝子の異常によって起こることが明らかになってきた。遺伝子異常による疾患のうちすべてが遺伝するものではなく、遺伝するものを遺伝性疾患という。

遺伝性疾患には、単一遺伝子の異常により引き起こされるもの、複数の遺伝子の異常が関与するものがある。詳しくは、9章を参照のこと。

4. 外因（環境要因）

疾病を引き起こす個体を取り囲む環境要因を外因といい、物理的要因、化学的要因、栄養素の欠乏と過剰、生物学的要因がこれに含まれる。

■ 物理的要因

外部から生体に加えられる機械的因子、温熱、電気・電磁波・音波、放射線、紫外線、気圧などが物理的要因となり疾患を引き起こす。

1. 機械的因子

創傷、外傷を引き起こす。交通事故のような大きな外力が生体に加わると、組織の挫滅や伸展を来たし、器官や臓器の破壊や変形、出血などが生じる。

2. 温 熱

生体は体温を比較的狭い範囲に保つ必要がある（ヒトは30〜42℃）。この範囲を超えると種々の障害が発生する。

(1) 高温による障害

① 熱傷（火傷）

局所への高温曝露による組織損傷は4期に分けられる（表1-1）。

・表層熱傷：Ⅰ度、Ⅱ度の熱傷は受創の深さが表皮と真皮浅層にとどまり、皮膚の再生に必要な皮膚付属器は残り、感染を合併しなければ瘢痕を残すことなく治癒する。

・全層熱傷：Ⅲ度、Ⅳ度の熱傷では表皮、真皮が破壊され、皮下組織に障害が及び、再生に必要な皮膚付属器は消失し、表皮組織が創部を覆うことができない。創部を覆うには植皮術が必要である。

体表の50％を超える熱傷は、表層性でも全層に及ぶものでも、重傷で致死的となる。

② 熱中症（熱射病）

高温・多湿環境に車内や室内に閉じ込められるなどの原因により、体温調節機能が破綻し、高体温（41℃以上）になり代謝性アシドーシス、心不全、さらには播種性血管内凝固（DIC）、多臓器不全（MOF）を引き起こす。

熱中症に対する処置として、体の冷却と補液、アシドーシスの補正・補液、ショックの予防、痙攣の予防、DICの早期発見と治療などが行われる。

(2) 低温による障害

① 凍 傷

低温曝露により皮膚や深部組織が傷害を受けた状態であり、熱傷に類似して、1度から4度に分類される（表1-2）。

3. 放射線障害

放射線は紫外線や赤外線のような非電離放射線と電離放射線に分類できる。ここでは電離放射線について述べる。電離放射線には電磁波放射線（X線、γ線）と粒子放射線（α線、β線、中性子

表1-1：熱傷（火傷）の分類

Ⅰ度：紅斑性火傷、紅斑（皮膚血管の麻痺性拡張による）
Ⅱ度：水疱性火傷、水疱形成（血管の透過性亢進のため、上皮下に組織液がたまる）
Ⅲ度：壊死性火傷、潰瘍化（熱凝固および血管損傷による組織壊死による）
Ⅳ度：炭化

表1-2：凍傷の分類

1度：紅斑性凍傷、紅斑（表皮の凍傷）
2度：水疱性凍傷、水疱（真皮に及ぶ凍傷で、紫紅色、浮腫、水疱形成）
3度：壊死性凍傷、壊死（皮下組織までの凍傷）
4度：骨や筋肉までの凍傷（より深く広範な壊死、脱落）

線など）がある。

　放射線感受性（細胞障害性）は、一般的に分裂能の高い細胞ほど高い。例えば、精母細胞、卵胞細胞、造血系細胞、消化管粘膜上皮、毛細血管などは高く、骨、軟骨、筋、神経細胞などは感受性が低い。細胞周期の関係では、G2、M期が最も放射線感受性が高く、次にG1期で、S期後期が最も低い。酸素供給の多い領域では放射線障害が増強される。したがって血管の少ない腫瘍領域では障害が少なくなる。

4. 電　気

　落雷など直流電流、高圧電流、家庭用電流でも心停止、呼吸停止を来たす。

　動物では電気コードを咬むことにより障害を起こすことが多く、意識障害、呼吸停止、心室細動、痙攣などがみられる。

　障害の強さは電流の強さと組織の抵抗性により規定され、電気抵抗性は組織の水分量に逆比例する。すなわち乾燥した皮膚の抵抗性は大きいため障害は少ないが、湿った皮膚では抵抗性が小さく、電流が流れやすいため心停止、呼吸麻痺などを引き起こすことがある。

　電流の流れる身体の位置、すなわち脳や心臓を通過するようであれば死に至る（雷撃死）。

5. 気　圧

　ヒトでは潜函病、高山病を生じる。

　潜函病は高圧の環境下から急速に減圧された場合に、血中や組織に溶けていた空気、ことに窒素が血中で気泡となり空気塞栓を形成する。この空気塞栓が脳や心臓、肺の動脈を閉塞させる。窒素は脂肪組織にも溶解し、骨髄の脂肪組織が気泡によって破壊され、これにより生じた脂肪塞栓も循環障害を起こす。

　高山病は4,000m以上の高山に慣れていないヒトでみられ、低酸素分圧の結果、頭痛、嘔気、呼吸困難、めまい、頻脈、思考力低下などが生じ、最終的には昏睡に陥る。

■ 化学的要因

　劇毒物、農薬、薬剤、動物毒、植物毒など毒物の生体に対する働きは、①接触による障害、②血中に吸収されて起こる障害がある。同時に両者が生じる場合もある。生体の反応としては、毒物に触れた局所に起こる接触性障害（接触による局所変化を示す）と、身体内部で吸収後毒性を現わした結果、全身的な影響を及ぼす中毒がある。

1. 接触による障害

　これらは腐蝕毒として一括される。塩酸、硫酸、硝酸などの酸類や昇汞などの蛋白凝固性の物質、水酸化ナトリウムや水酸化カリウムのような蛋白溶解性の物質、さらにホルマリンガス、亜硫酸ガス、塩素ガスのように、接触面（気管・気管支粘膜）の水分に溶けて障害を与える物質もある。

2. 中　毒

　中毒を引き起こす化学物質を毒物といい、体内に経口的、経皮的、経気道的な経路で侵入するが、これらの中には少量でも毒性を示すもの、少量では無害であっても長期間にわたり体内に蓄積して

毒性を示すものもある。農薬（有機リン剤）、医薬品、重金属（メチル水銀、鉛、リン、ヒ素、カドミウムクロムなど）、有機溶剤（ベンゼン）、有毒ガス（一酸化炭素、過酸化窒素［NOx］、ホルムアルデヒド）、食品添加物、動物毒、植物毒など、さまざまなものが原因となる。また、疾病の予防・診断・治療のために使用される薬剤が生体の有害な反応を生じさせることがある。これら治療行為によってもたらされる疾患を医原病という。

■ 栄養障害

生体は構造の維持や生体機能恒常性の保持など、生命活動に必要な最低限度量のエネルギーと栄養素を摂取しなければならない。各栄養素の過不足が生理的限界を超えて起こると外因として疾病をもたらす。3大栄養素であるタンパク質、脂肪、炭水化物のほか、さらに水、無機質、ビタミンを加えて6大栄養素という。

摂取不足によりエネルギーが長期間にわたって不足（飢餓：starvation）すると、体内の貯蔵グリコーゲンや脂肪が消費される。グリコーゲンを使い果たすと、肝臓中の脂肪酸がβ酸化を経てケトン体に変化し、このケトン体がエネルギー源として利用される。さらに構造素材であるタンパク質もエネルギー源として流用される。このとき体重とともに肝臓、腎臓、心臓などの重量も減少するが、脳重量は最後まで減らない（これを絶対飢餓という）。

■ 生物的要因

生物的要因の主体は、生体内に侵入して組織や細胞を傷害する病原体である。これには細菌（マイコプラズマ、リッケチア、クラミジアを含む）、ウイルス、プリオン、真菌、植物（藻類）、原虫、蠕虫（吸虫、条虫、線虫）および節足動物がある。

すべての生体は多くの病原微生物と共存して生きているが、条件が備わると微生物が生体に侵入して増殖し、感染が成立する。感染によって障害が発生すると症状が発現し、発病となる。感染が成立しても症状が発現しない場合を不顕性感染という。感染の成立から発病までの期間を潜伏期という。

■ 感染症

感染症は病原微生物、感染様式、感染後の病態などにより分類される。

1. 内因感染と外因感染

宿主自身の常在微生物叢を構成する微生物によって起こる感染症を内因感染、生体外から侵入した微生物による感染症を外因感染という。

2. 日和見感染

白血病、悪性リンパ腫などの悪性腫瘍、糖尿病などの代謝疾患、免疫不全症、抗癌剤や免疫抑制剤の投与、高齢など免疫抵抗性の減弱した個体では、健常な状態では平素無害な常在菌などの非病原菌や弱毒菌による感染が起こる。これを日和見感染（opportunistic infection）という。

3. 院内感染

病院内で原疾患とは別に新たに感染症に感染し、発病した場合をいう。

4. 菌交代現象

常在細菌叢が宿主の条件によって変化することを意味する。具体的な例として、抗生剤の投与によって大腸の薬剤感受性常在菌叢が大きく変化し、大量に増殖した薬剤抵抗性のクロストリジウム（*Clostridium difficile*）が偽膜性大腸炎を発症する。

5. 一次感染と二次感染

最初にある病原体に感染することを一次感染といい、この宿主にさらに別の病原体による感染が起きることを二次感染という。同一宿主に2種以

上の病原体が同時に感染していることを混合感染という。

6. 局所感染と全身感染

病原体が生体に侵入・定着した部位に限局して病変を形成する場合を局所感染といい、病原体が血液、リンパ、あるいは神経を介して全身に及ぶ場合を全身感染という。

ウイルス感染では、一次感染巣でウイルスが増殖した後にウイルス血症を起こし、血行性にほかの臓器や器官に広がり、標的臓器・器官で再び増殖して病巣を形成することが多い。

7. 急性感染と持続感染

感染に引き続いて、すぐに症状を示すものを急性感染という。これに対して、病原体や宿主側の条件によって病原体の排除がうまく行われず、感染が持続する場合を持続感染という。

8. 病原微生物

(1) 細 菌

細菌は単細胞性原核生物で、2分裂によって増殖する。大きさは0.5～10μm程度で、形態は球状、桿状、ラセン状などさまざまで、鞭毛を有するものもある。

① 球 菌

ブドウ球菌、連鎖球菌、肺炎双球菌などが代表的である。院内感染の原因菌としてメチシリン耐性黄色ブドウ球菌（*methicillin-resistant Staphylococcus aureus*：MRSA）やバンコマイシン耐性腸球菌などがある。

② 桿 菌

大腸菌、赤痢菌、緑膿菌、結核菌、チフス菌、サルモネラ菌、腸炎ビブリオ菌、淋菌、百日咳菌、レジオネラ菌、コレラ菌、らい菌、炭疽菌、ボツリヌス菌などがある。

③ らせん状細菌

らせん状の形態をとる細菌で、スピロヘータが代表的である。スピロヘータは大型らせん状のグラム陰性細菌（長さが10～20μm）で、トレポネーマ属、ボレリア属、レプトスピラ属などがある。

(2) リケッチア

リケッチア（*Rickettsia*）は、生きた細胞内でのみ増殖可能なグラム陰性の小型細菌（長さ0.8～2μm, 0.3～0.5μm）である。感染は節足動物（ノミ、シラミ、ダニなど）が媒介する。小型ダニであるツツガムシの皮膚咬傷により感染するヒトのツツガムシ病が代表的疾患である。

(3) クラミジア

細菌とウイルスの中間に位置する微生物で細胞内に寄生して増殖する点はウイルスに似ているが、細胞壁とDNA、RNA両者を有する点で細菌に類似している。形態は細胞外では小型の基本小体（0.3～0.4μm）で感染し、細胞内では大型の網様体（0.5～2.0μm）を形成して増殖する。肺、眼、性器などに感染して炎症を起こす。

(4) ウイルス

大きさはおよそ20～300nmの粒子で、核酸で構成される芯とタンパク質の殻からできている。DNAかRNAのいずれかを有している。自己代謝系の酵素をもたず、生きた細胞に寄生して自己の複製、増殖を行う。

(5) プリオン

プリオンはタンパク質のみからなり、核酸をもたない感染性蛋白粒子である。異常型プリオン蛋白（PrPsc）が正常プリオン蛋白（PrPc）を異常型プリオン蛋白（PrPsc）へ変換することにより、神経細胞を傷害して海綿状脳症を引き起こす。プリオンによる主な疾患には牛海綿状脳症（bovine spongiform encephalopathy：BSE）、羊、山羊のスクレイピー（scrapie）、ヒトのクロイツフェルト・ヤコブ（Creutzfeld-Jakob）病、パプアニューギニアの原住民の地

方病であった Kuru 病などがある。

(6) 真　菌

　カビや酵母などの微生物群を真菌（fungus）と総称している。真菌は形状により、単細胞性の栄養型として出芽により増殖する酵母（カンジダ、クリプトコッカス）と菌糸を栄養型として発育する多細胞性の糸状菌（アスペルギルス）に分類される。また、環境条件の変化によって、菌糸形から酵母形へ、酵母形から菌糸形へと可逆的に発育形態を変える二形性真菌（ヒストプラズマ、マラセチア）がある。

(7) 寄生虫

　寄生虫（parasite）は外部寄生虫と内部寄生虫に分けられる。外部寄生虫は主に節足動物を指し、ノミ、シラミ、蚊、ハチ、ダニ類などがあり、ダニ類ではツツガムシ病を起こす *Richettsia tsutsugamushi* を媒介するツツガムシ類、疥癬を起こすヒゼンダニなどがある。内部寄生虫は動物性の単細胞真核生物である原虫（マラリア、赤痢アメーバ、トキソプラズマ、ミクロスポリジウム）と多細胞性の蠕虫に分けられる。蠕虫には線虫類（犬糸状虫、イヌ回虫、ネコ回虫、アニサキアス、蟯虫、糞線虫など）、吸虫類（日本住血吸虫、肝吸虫、肝蛭、横川吸虫など）、条虫類（広節裂頭条虫、無鉤条虫、有鉤条虫、有線条虫など）がある。

第2章
生体の回復力（恒常性の維持）と疾病

一般目標
生体の恒常性を維持する神経系、内分泌系、免疫系の働きを知り、それらの異常を理解する。

到達目標
1）ホメオスタシス（恒常性）について理解し、疾病との関係を説明できる。
2）回復力に影響する局所的・全身的因子について説明できる。

キーワード	ホメオスタシス（恒常性）、ホルモン分泌調節、正のフィードバック、負のフィードバック、内分泌機能亢進症（下垂体、甲状腺、上皮小体、副腎）、内分泌機能低下症（下垂体、甲状腺、上皮小体、副腎）、下垂体前葉ホルモン、下垂体後葉ホルモン、甲状腺ホルモン、上皮小体ホルモン、副腎皮質ホルモン、副腎髄質ホルモン、自然免疫、獲得免疫

　生体内では、生存を維持するために複雑な生活現象が常に一定に調節され、健康な状態を維持している。この生体の機能をホメオスタシス（恒常性：homeostasis）と呼ぶ。恒常性の調節範囲を超えた変動が疾病である。

1. 生体恒常性維持機構

　生体恒常性を維持するための上位機構である神経、内分泌系、免疫系の働きにより、形態的・機能的に一定の範囲内に恒常性（ホメオスタシス）が維持されている。この調節機能の変動が病因となる。すなわち、内分泌系の異常では機能亢進症・低下症が引き起こされ、免疫異常により易感染性や自己免疫疾患が惹起される。

　神経系と内分泌系は生命維持に密接な連関をもって機能している。視覚器を含め内臓諸臓器に分布する自律神経系は交感神経と副交感神経の二重支配により、機能調節を行っている。体の内部環境（例えば、体液の組成や体温など）の維持・調整は視床下部で行われている。視床下部は下垂体後葉と直接つながっており、下垂体後葉ホルモンを産生している。さらに各種の下垂体前葉ホルモンの分泌を刺激、あるいは抑制するホルモンを分泌して下垂体の内分泌機能を支配・調節している。下垂体から分泌されるホルモンは、そのホルモンが作用する下位の内分泌腺ホルモンの血中濃度によってその分泌が調整され、血中濃度が高け

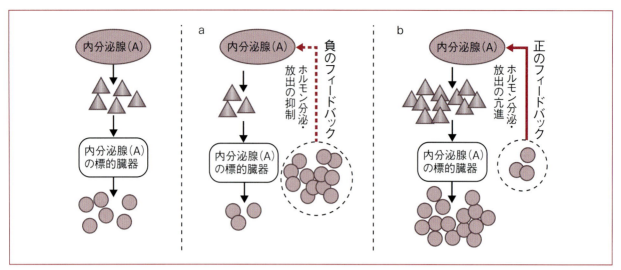

図2-1　内分泌フィードバック機構　　出典：小動物臨床のための機能形態学入門、インターズーより引用・改変

▲：内分泌腺（A）から分泌されたホルモン。●：標的臓器の代謝によって産生された物質、または標的細胞が分泌したホルモン
a) ●が高濃度であることを内分泌腺（A）が感知すると、負のフィードバック（点線）を行って、内分泌腺（A）のホルモン分泌・放出を抑制させる。
b) ●が低濃度であることを内分泌腺（A）が感知すると、正のフィードバック（実線）を行って、内分泌腺（A）のホルモン分泌・放出を促進させる。

れば刺激ホルモンの分泌が抑制される。このように、下位の腺によるホルモンの血中濃度の増加の信号が上位の腺に抑制的に働く機構を、負のフィードバックという（図2-1）。

2. 内分泌系

■ 下垂体

下垂体は発生学的には、胎生初期に原始口腔の天井から上方に向かって伸展するRathke嚢と、脳胞底から下方に向かって伸展する漏斗突起がトルコ鞍内で接合して形成される。下垂体は前葉および中間葉を含む腺性下垂体と、後葉と漏斗部を併せた神経性下垂体からなり、視床下部の支配のもと、多くの内分泌器官の中枢的役割を担っている（図2-2a）。

下垂体前葉から6種類の前葉ホルモンが産生・分泌される。すなわち副腎皮質刺激ホルモン（adrenocorticotropic hormone：ACTH）、甲状腺刺激ホルモン（thyroid-stimulating hormone：TSH）、成長ホルモン（growth hormone：GH）、催乳ホルモン（prolactine：PRL）、性腺刺激ホルモン（gonadotropic hormone）である卵胞刺激ホルモン（follicle-stimulating hormone：FSH）、黄体形成ホルモン（luteizing hormone：LH）を産生する。下垂体前葉ホルモンの分泌を刺激あるいは抑制するホルモンは、視床下部から分泌される（図2-2b）。下垂体中間葉からはメラニン細胞刺激ホルモン（melanocyte stimulating hormone：MSH）が分泌される。下垂体後葉からは後葉ホルモンであるオキシトシン（oxytocin）、および抗利尿ホルモン（antidiuretic hormone：ADH、バゾプレシン vasopressin とも呼ぶ）が視床下部から神経線維を経由して後葉に運ばれ、貯蔵され、必要に応じて血中に放出される。

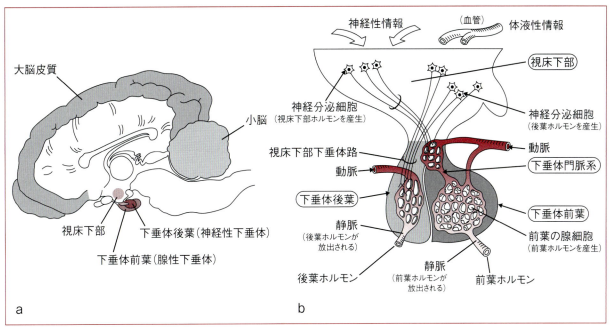

図2-2 内分泌系　　　　　　　　　　　　　　　　出典：小動物臨床のための機能形態学入門、インターズーより引用・改変
a) 視床下部と下垂体。b) 視床下部 - 下垂体から分泌・放出されるホルモン。

1. 下垂体前葉機能低下症

　嚢胞、循環障害、腫瘍による下垂体前葉の破壊などが原因となり、機能低下症が起こる。

（1）下垂体性侏儒（小人症）

　これは下垂体前葉の破壊による成長ホルモンのみ分泌低下を来たす場合、または性腺刺激ホルモン、甲状腺刺激ホルモン、副腎皮質刺激ホルモンの欠乏を伴う場合がある。

（2）下垂体性悪液質

　広範な下垂体の破壊により汎下垂体機能低下（シーハン Sheehan 症候群、シモンズ病）を来たす。著明な体重減少、脱毛、粘液水腫、副腎・甲状腺・性腺・その他の内臓器の萎縮、基礎代謝の低下、低血糖、低ナトリウム血症などを示す。

2. 下垂体前葉機能亢進症

　下垂体にできる腫瘍によって、ホルモンが過剰に産生されることが原因となる。ACTH 産生腺腫によってクッシング病が生じ、GH 産生腺腫によって、幼齢動物では巨人症、成長後の動物では末端肥大症が生じる。

3. 下垂体後葉機能低下症

　尿崩症では、視床下部下垂体経路の破壊による抗利尿ホルモン（ADH）の欠乏によって、多尿、多飲、多渇症が生じる。

■ 甲状腺

　甲状腺ホルモンは甲状腺（図2-3）の濾胞上皮で合成されるサイログロブリン（thyroglobulin）と血中から濾胞上皮に取り込まれるヨードイオン（I⁻）から合成される。Iが4つ結合したサイロキシン（thyroxine: T4）と、3つ結合したトリヨードサイロニン（triiodethyronine: T3）が甲状腺ホルモンとして作用する（図2-4）。

　甲状腺ホルモンの作用（表2-1）は全身の臓器・組織へ広範に作用する。脳や性腺（卵巣・精巣）、リンパ節などを除くほとんど全身の組織の代謝を亢進させ、熱産生量を増加させる。したがって、タンパク質・脂質の異化が促進され、酸素消費が増加するため、基礎代謝が亢進する。

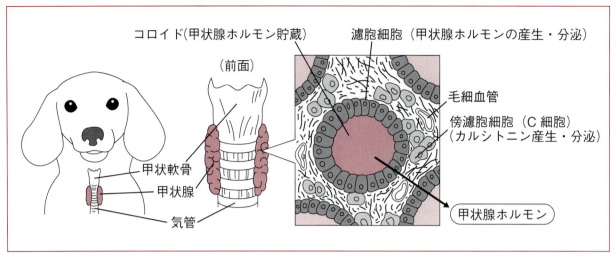

図2-3　甲状腺の構造　　　出典：小動物臨床のための機能形態学入門、インターズーより引用・改変

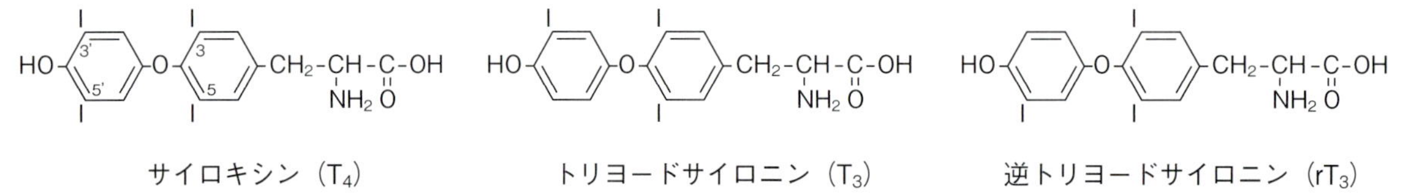

図2-4　甲状腺ホルモン

　甲状腺の傍濾胞細胞（甲状腺C細胞）からはカルシトニン（calcitonin）というホルモンが分泌される。カルシトニンは破骨細胞の活性を低下させ、骨吸収（骨からCa^{2+}が血中に溶け出すこと）を抑制するとともに、腎臓に作用してCa^{2+}排泄を促進して血中のカルシウム濃度を低下させる。

1. 甲状腺機能亢進症

　中毒性甲状腺腫（バセドウ Basedow 病）は、甲状腺の腫大、頻脈（心悸亢進）、眼球突出（Merseburgの三徴）に四肢・眼瞼・舌の振戦を加えて、Basedowの四徴がみられる。バセドウ病では、血中のT3、T4が上昇し、血清中には甲状腺刺激ホルモンTSHレセプターに対する自己抗体が証明される。抗TSHレセプター抗体はTSHレセプターに結合することにより甲状腺濾胞細胞を刺激し、ホルモン分泌を亢進させる（long acting thyroid stimulator receptor：LATS）。

2. 甲状腺機能低下症

　リンパ球性甲状腺炎（橋本病）は、甲状腺自己抗体が証明される自己免疫疾患である。発症に関与する自己抗体には抗thyroglobulin抗体、抗microsome（甲状腺ペルオキシダーゼ：TPO）抗体がある。甲状腺の組織構造は破壊され、二次リンパ小節の形成、濾胞は小さくコロイド量は少なくなり、濾胞上皮細胞は大型で好酸化する。

■ 上皮小体

　上皮小体（図2-5）は主細胞から上皮小体ホルモン（parathyroid hormone：PTH）を分泌する。PTHは骨から血中へカルシウムの遊離を促進し、腎臓に作用してカルシウムの再吸収を促進し、血中のカルシウム濃度を上昇させる。また腎臓でのリン酸の再吸収を抑制する。

表2-1　甲状腺ホルモンの作用

- 基礎代謝率の上昇により、心拍数の増加、心拍出量を増大させる。
- タンパク質、核酸の合成を促進させ、尿中窒素の排泄量を増加させる。
- 糖代謝に作用し、腸管からのグルコース吸収と、肝臓におけるグリコーゲンの分解を促進させ、血糖を上昇させる。
- 脂質代謝へ作用し、肝臓での脂質の合成を促進する。これにより血中のコレステロールの濃度を低下させる。

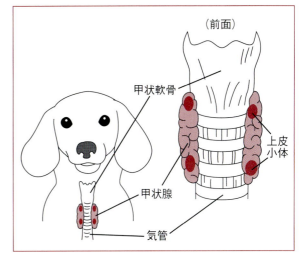

図2-5　上皮小体の構造
出典：新・犬と猫の解剖セミナー、インターズーより引用・改変

1. 上皮小体機能亢進症

(1) 原発性上皮小体機能亢進症

　主細胞の過形成や腺腫によりパラソルモン産生が亢進する。

(2) 続発性上皮小体機能亢進症

　慢性腎不全、ビタミンD欠乏などが原因となり、血中カルシウムが低下するとPTH分泌が亢進する。

2. 上皮小体機能低下症

　血中カルシウムが低下し、極端な低下では、神経細胞は刺激に対して過敏に反応するようになり、筋を支配している神経の易刺激性が亢進して、強直（テタニー：tetany）を起こす。

■ 副　腎

　副腎の構造は皮質と髄質からなる。

　皮質は外側より球状帯、束状帯、網状帯の3層より形成され、球状帯はレニン‐アンギオテンシンの影響のもとに鉱質（電解質）コルチコイド（mineralocorticoids）を産生分泌する（図2-6）。鉱質コルチコイドの大部分はアルドステロン（ardosterone）である。束状帯はACTHの影響下で糖質コルチコイド（glucocorticoids、とくにcortisol）を分泌する。網状帯は性ホルモンであるアンドロゲン（andorogen：男性ホルモン）とエストロゲン（estrogen：女性ホルモン）が産生される。

　髄質はクロム親和細胞と呼ばれる細胞からアドレナリン（adrenaline）とノルアドレナリン（noradrenaline）の2種類のカテコールアミン（catecholamine）が分泌される。

1. 副腎皮質機能亢進症

　副腎皮質過形成、腫瘍によるホルモンの過剰分泌による。

(1) 原発性アルドステロン症

　副腎皮質球状帯の過形成や腺腫によりアルドステロンの過剰分泌が起こり、高血圧、筋力低下、四肢麻痺、高ナトリウム血症、低カリウム血症が生じる（図2-6参照）。

(2) クッシング症候群

　副腎皮質束状帯過形成を来たし、コルチゾールの過剰分泌、肥満、高血圧、食欲亢進、全身の脱毛、無発情、精巣萎縮が生じる。

(3) 副腎性器症候群

　ヒトでは皮質網状帯の過形成、腺腫によるアンドロゲンやエストロゲンの過剰分泌により、女性では男性化、男性では偽性性早熟症を示す。

動物病理学

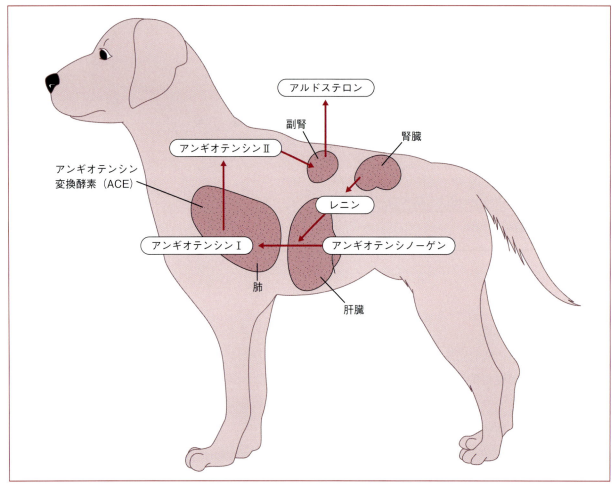

図2-6 レニン - アンギオテンシン - アルドステロン系
腎臓の糸球体に隣接する傍糸球体細胞で産生・分泌されるレニンは、主に肝臓のアンギオテンシノーゲンをアンギオテンシンⅠへと変換する。さらにアンギオテンシンⅠは肺などの血管内皮細胞に存在するアンギオテンシン変換酵素（ACE）によって、アンギオテンシンⅡという物質に変換される。このアンギオテンシンⅡが副腎皮質に働きかけて、鉱質コルチコイドの分泌を促進させる。
アルドステロンの作用によって腎臓でのナトリウム再吸収、血漿量の増加、カリウム排泄による循環血液量の増加、およびアンギオテンシンⅡの直接作用によって末梢血管の収縮を起こすことにより血圧が上昇する。
出典：小動物臨床のための機能形態学入門、インターズーより引用・改変

2. 副腎皮質機能低下症

ストレス、腫瘍の転移、炎症、アミロイド沈着による皮質の破壊による。

(1) アジソン病

皮質破壊により糖質・電解質コルチコイド、アンドロゲンの欠乏症状が起こる。糖新生の低下、低血糖、皮膚の色素沈着、尿中へのナトリウムの排泄増加、低血圧、カリウムの貯留を来たす。

(2) Waterhouse-Friderichsen症候群

髄膜炎菌、ブドウ球菌、肺炎双球菌などの感染後の敗血症により、急性副腎皮質不全が起こる。症状は高熱、皮膚の点状出血、全身の出血傾向、電解質異常、循環不全により24時間以内に死亡する。原因は播種性血管内凝固症候群（DIC）による出血傾向と血管障害である。

3. 免疫系

　免疫とは、自分でないものを撃退し、自己を守ろうとする仕組みである。免疫反応は、その特性により「自然免疫」と「獲得免疫」の大きく2つに分けることができる。ただし、この2つはお互いに強い関わり合いをもっているため、完全に区別することはできない。

　自然免疫は、体内に侵入してきた異物を直接認識して、すぐに攻撃へと進むことができる免疫反応で、ここで活躍する細胞は主に食細胞（好中球、マクロファージ、樹状細胞）、リンパ球である。一方、獲得免疫は生まれながらにして備わった免疫と異なり、異物ごとの刺激に応じて後天的に形成されていく免疫系である。ここで活躍する細胞は主にリンパ球である。リンパ球にはTリンパ球とBリンパ球の2種類があり、Tリンパ球は細胞性免疫、Bリンパ球は体液性免疫とそれぞれ異なる仕組みで自己を守っている。

　獲得免疫では活躍するリンパ球が、自己のものとそうでないもの（異物）を区別する能力を備えており、自分の成分を攻撃しない仕組みを免疫寛容という。さらに獲得免疫では、一度、リンパ球が異物を認識すると、その情報を記憶し、二度目に同じ異物を認識したとき、一度目より迅速に反応できる。この反応を免疫記憶という。

　恒常性による調節機能の均衡が崩れると、これら免疫反応にも影響を及ぼし、免疫異常となって現れる。アレルギー性疾患や移植の際に起こる拒絶反応、自己免疫疾患などはその例である。詳しくは、9章を参照のこと。

第1・2章　演習問題

問1 BSE（牛海綿状脳症）の病因を選べ。
① ブドウ球菌
② リケッチア
③ クラミジア
④ ウイルス
⑤ プリオン

問2 内分泌系疾患の解説として、誤ったものをひとつ選べ。
① 幼齢動物では、下垂体の腺腫により成長ホルモン（GH）分泌が亢進すると小人症（矮小）を起こす
② 尿崩症は視床下部下垂体経路の破壊により抗利尿ホルモンの欠乏により生じる
③ アジソン病では、副腎皮質機能低下を生じる
④ リンパ球性甲状腺炎では、甲状腺機能低下を生じる
⑤ クッシング症候群では、副腎皮質機能亢進により肥満や高血圧を生じる

問3 内分泌系の解説として、誤ったものをひとつ選べ。
① 下垂体前葉の広範な壊死では、下垂体性悪液質が起こる
② 甲状腺傍濾胞細胞が産生するカルシトニンの分泌亢進により、血中カルシウムが増加する
③ 甲状腺ホルモンの産生にはヨードが必要である
④ 血中パラソルモンが低下するとテタニーが起こる
⑤ 副腎皮質球状帯より分泌されるアルドステロンの過剰分泌では高血圧を生じる

解　答

問1　正解 ⑤ プリオン

　疾病の原因となる病因は、内因と外因に分けられる。生体内へ侵入して組織や細胞を傷害する病原体は生物的要因となり、外因に含まれる。
　牛海綿状脳症はウイルスや細菌とは異なり核酸をもたないプリオン蛋白により引き起こされる疾患（プリオン病）である。プリオン病は動物ではBSE、羊や山羊のスクレイピーがあり、ヒトではクロイツフェルト・ヤコブ病やKuruがある。

問2　正解 ① 幼齢動物では、下垂体の腺腫により成長ホルモン（GH）分泌が亢進すると小人症（矮小）を起こす

　下垂体の良性腫瘍である下垂体腺腫にはGHを産生するものがあり、このGHの機能亢進により幼齢動物では巨人症、成長後にGHの機能亢進が起こると末端肥大症を生じる。

問3　正解 ② 甲状腺傍濾胞細胞が産生するカルシトニンの分泌亢進により、血中カルシウムが増加する

　甲状腺の傍濾胞細胞（甲状腺C細胞）から分泌されるカルシトニンは破骨細胞の活性を低下させ、骨吸収を抑制し、腎臓に作用して腎のカルシウム排泄を促進して血中カルシウム濃度を低下させる。

第3章
細胞や組織に生じる変化：退行性病変
（変性、萎縮、壊死・アポトーシス）

一般目標

障害に対する細胞や組織の変化を理解する。

到達目標

1）変性と物質沈着について、代謝異常と結びつけて説明ができる。
2）萎縮の定義と原因について説明できる。
3）壊死とアポトーシスについて、機序の違いを説明できる。

キーワード

タンパク質変性（タンパク質代謝異常）、空胞変性、硝子滴変性、フィブリノイド変性、アミロイド変性、糖代謝異常、糖尿病、インスリン、糖原病、脂質代謝異常、脂肪変性、脂質蓄積症、色素沈着症、メラニン、リポフスチン、ヘモジデリン、ビリルビン、無機質代謝異常、石灰沈着、石灰化、結石、胆石、尿石、萎縮、生理的萎縮、栄養障害性萎縮、神経性萎縮、圧迫萎縮、廃用萎縮、内分泌性萎縮、貧血性萎縮、壊死、自己融解、凝固壊死、融解壊死、脂肪壊死、壊疽、アポトーシス、細胞の断片化

　細胞・組織は物質代謝を行って動的平衡状態を保っているが、この障害は代謝障害といわれ、障害因子に対して形態上での抵抗を示さない被害状況を起こす。これを従来は退行性病変、あるいは受身の病変という。

　変性や萎縮は、原因が取り除かれると細胞は正常状態に戻る可逆的変化であるのに対し、壊死やアポトーシスは、原因が除去されても細胞は死に至る非可逆的変化である。

1. 変　性

　代謝が障害され、組織や細胞に生理的に存在しない物質が出現したり、生理的に存在する物質が異常な量沈着したり、異常な場所に出現することを変性（degeneration）という。

■ タンパク質変性（タンパク質代謝異常）

1. 混濁腫脹（cloudy swelling）

酸素欠乏（虚血）、中毒、感染症などで、実質臓器（肝臓、腎臓、心筋、骨格筋）が肉眼で白っぽく混濁し、かつ腫脹する。ミトコンドリアのエネルギー代謝が傷害され、ミトコンドリアの浸透圧調整ができなくなり、細胞内およびミトコンドリアに水分が移動し、細胞質の水分の過剰とミトコンドリアの腫脹、破裂した状態である。

2. 水腫変性・空胞変性
（hydropic degeneration、vacuolar degeneration）

うっ血、酸素欠乏、中毒、放射線障害、内分泌異常などで、肝細胞や腎尿細管上皮などの細胞質内に希薄なタンパク質性の液体（血漿成分）が移動し、細胞質が膨化あるいは空胞化する変化である。細胞質全体が膨化する場合を水腫変性、液体が小胞体などの細胞小器官に移動し、細胞質に大小の空胞を形成する場合を空胞変性という。

細胞の水代謝はミトコンドリア（細胞呼吸）によって作られたエネルギーに依存したナトリウムポンプにより行われ、Naを細胞内から汲み出し、Kを取り入れることによって細胞内のKが高く、Naは低くなっており、浸透圧平衡が保たれている。細胞呼吸が傷害されるとNaと水が細胞内に蓄積し、細胞は膨化する。

3. 硝子滴変性（hyaline droplet degeneration）

腎尿細管上皮細胞、肝細胞、副腎にみられ、ヘマトキシリン・エオジン染色（HE染色）でエオジン好性の蛋白顆粒が出現する。腎尿細管上皮の硝子滴は糸球体から漏出したタンパク質の再吸収像である。肝細胞における硝子滴変性は急性低酸素血症や毒物中毒でみられ、血清蛋白の細胞内吸収により形成される。

4. フィブリノイド（類線維素）変性
（fibrinoid degeneration）

変性した膠原線維にフィブリン（線維素）を主体とする血漿蛋白が浸み込んで形成される病変である。病変部はHE染色でエオジンに濃く、均質性に染まる。フィブリノイド変性は主に中・小動脈の血管壁が傷害された場合に血管壁に認められる。例：アレルギー性血管炎、悪性高血圧の腎臓、多発性動脈炎、牛の悪性カタル熱、豚コレラ、水銀中毒などでみられる。

5. アミロイド変性（amyloid degeneration）

アミロイドと呼ばれるタンパク質が細胞間あるいは組織間隙に沈着する。アミロイドは単一の物質ではなく、さまざまな前駆蛋白より形成される。アミロイドの共通の特性はHE染色でエオジンに淡染し、コンゴ赤染色で橙色に染まる。コンゴ赤染色物は偏光顕微鏡下で緑色偏光を生じる。電子顕微鏡下で10nm幅のアミロイド細線維として観察される。アミロイドは細胞外に沈着し、肉眼的にアミロイドが沈着した臓器は腫大し、硬く、硝子状に均一に見える。アミロイドの沈着により、実質細胞が圧迫萎縮に陥り、臓器の機能障害が生じる。このようにアミロイドの沈着する疾患をアミロイド症（amiloidosis）という。

アミロイド症はさまざまな分類がなされてきたが、最近では、沈着するアミロイド蛋白の種類によって分類されている（表3-1）。また、全身に沈着する全身性アミロイド症と特定の臓器や組織に沈着する限局性アミロイド症に分けられる。

沈着の起きやすい臓器である脾臓では、白脾髄のリンパ濾胞を置換して沈着したサゴ脾、赤脾髄にび漫性に沈着したハム脾、あるいは豚脂脾と呼ばれる肉眼像を示す。

6. 角質変性（keratin degeneration）

皮膚の重層扁平上皮は角化と角質の脱落が一定で、角質の厚さは一定に保たれているが、さまざ

まな病的状態で異常な角化が起こる。これを角質変性という。病的角化には、角質層が多量に形成される過角化、不完全な角化により、角質内に扁平上皮細胞の核が残存した錯角化などが起こる。例として、扁平上皮癌の角化が著明なものでは、癌細胞巣の中心に向かって角化が渦巻状に配列した癌真珠を形成する。

例：皮膚の過角化症・錯角化症

表3-1　ヒトの代表的なアミロイド症の分類

アミロイド症	表記	前駆体タンパク質	動物における類似疾病の報告
全身性			
非遺伝性			
反応性AAアミロイド症	AA	血清アミロイドA（アポSAA）	あり（各種）
ALアミロイド症	AL	免疫グロブリンL鎖（κ、λ）	不明
AHアミロイド症	AH	免疫グロブリンH鎖（γ）	不明
透析アミロイド症	Aβ2M	β2ミクログロブリン	あり（各種）
透析全身性アミロイド症	ATTR	トランスサイレチン	あり（サル）
遺伝性・家族性			
家族性アミロイドポリニューロパチー（FAP）Ⅰ・Ⅱ	ATTR	トランスサイレチン	なし
FAP Ⅲ	AApoA1	アポリポ蛋白A1	なし（SAM）マウスでAApoA1沈着
FAP Ⅳ	Agel	ゲルソリン	なし
限局性			
脳アミロイド症			
孤発型Alzheimer型認知症	Aβ	Aβ前駆蛋白（APP）	脳実質のAβ沈着はあり（各種）
家族性Alzheimer病	Aβ	Aβ前駆蛋白（APP）	なし
孤発型脳血管アミロイド症（CAA）	Aβ	Aβ前駆蛋白（APP）	脳血管のAβ沈着はあり（各種）
家族性CAA（オランダ型）	Aβ	Aβ前駆蛋白（APP）	なし
家族性CAA（アイスランド型）	Acys	シスタチンC	なし
孤発性プリオン病	APrP	プリオン蛋白	あり（羊、牛、鹿、ミンク、猫科動物など）
遺伝性プリオン病	APrP	プリオン蛋白	なし
内分泌性アミロイド症			
甲状腺髄様癌	Acal	（プロ）カルシトニン	あり（各種）
Ⅱ型糖尿病、インスリノーマ	AIAPP	LAPP（アミリン）	あり（主に猫）
限局性心房性アミロイド	AANF	心房ナトリウム利尿ペプチド	不明
その他			
限局性結節性アミロイド症	AL	免疫グロブリンL鎖（κ、λ）	あり（各種）
皮膚アミロイド症	AD	ケラチン？	あり（各種）
歯原性腫瘍随伴アミロイド	Aoaap	歯原性エナメル芽細胞関連蛋白	あり（主に犬）

出典：「内田和幸：細胞および組織の傷害と死、動物病理学総論（日本獣医病理学会 編）、第3版、P27、2013、文永堂出版」より許諾を得て転載.

7. 粘液変性（mucinous degeneration）

粘液様物質は杯細胞などの上皮細胞から分泌されるムコ蛋白を主体とする上皮性粘液と、細胞間を埋める無形成分としてのムコ多糖（グリコサミノグリカン）を主体とする間葉性粘液とがある。粘液の産生異常を粘液変性という。前者は胃癌や印環細胞癌、卵巣癌などで、癌細胞の粘液分泌が亢進する。間葉性の粘液変性は甲状腺機能低下症で起こる粘液水腫で生じる。

8. 硝子変性（hyaline degeneration）、硝子化（hyalinization）

細胞間あるいは組織間にエオジンで染まる均質、無構造物質が沈着する。

例：ケロイド、瘢痕組織、糖尿病の小動脈壁や糸球体などにみられる。

9. 尿酸代謝異常（痛風）

痛風はアデニン、グアニンなどの核酸塩基（プリン体）の終末代謝産物である尿酸が、プリン代謝障害により血中に蓄積し（高尿酸血症）、さらに尿酸塩の結晶が関節や腎臓、心外膜、肝被膜などに沈着する疾患である。尿酸塩の沈着部位によって関節痛風と内臓痛風に分類される。

ヒト、鳥類や爬虫類でよく発生し、ヒトでは関節や腎臓など、鳥類では関節痛風は少なく内臓痛風が多い。組織学的には痛風結節が形成される。

■ 糖質代謝異常

炭水化物は多糖類（デンプン、セルロースなど）、二糖類（ショ糖、乳糖）と単糖類（ブドウ糖、果糖）として主に植物性飼料に含まれる。消化管内で単糖類（ほとんどがブドウ糖：glucose）に分解され、小腸上皮細胞から血中に入り大部分は熱源として利用され、一部は糖原（グリコーゲン：glycogen）として、また脂肪に変えて貯蔵される。その他、タンパク質あるいは脂質と結合して体組織を構成する成分となる。

血中のグルコース濃度を血糖値といい、血糖値が高いと血中に入ったグルコースは肝臓や骨格筋でグリコーゲンに合成され、貯蔵される（糖原形成：glycogenesis）。一方、血糖値が下がると、グリコーゲンをグルコースに分解（糖原分解：glycogenolysis）して血中に放出し、血糖値を上げ、血糖の低下を防いでいる。

糖原は肝臓、心筋、骨格筋をはじめ、多くの組織に分布している。糖原が生理的に存在する場所に異常に蓄積したり、生理的に存在しない場所に蓄積することを糖原変性（glycogen degeneration）という。

1. 糖尿病（diabetes mellitus）

インスリンの絶対的あるいは相対的不足による糖代謝異常で、持続性の高血糖と耐糖能の低下を来たす疾患の総称である。症状としては多食、多飲、多尿、体重減少などがみられる。

原因には遺伝的素因、環境因子、生活習慣など多くの要因が関与し、単一の疾患ではない。

糖尿病の5つの特質：
- インスリン不足による代謝異常。
- 遺伝子を基礎として、それに発症因子が加わって発症する。
- 全身の特に最小血管の障害を伴う。

表3-2　糖尿病の分類

インスリン依存型糖尿病（Ⅰ型、IDDM）
インスリン非依存型糖尿病（Ⅱ型、NIDDM）
その他：   ①膵疾患に伴うもの   ②内分泌疾患に伴うもの   ③薬剤または化学物質によって誘発されるもの   ④インスリン、またはインスリンレセプターの異常   ⑤ある種の遺伝性症候群に伴うもの   ⑥その他

- 放置すれば特有の臨床症状を呈してくるが、適切な食事療法、インスリン投与などによって、その進行を阻止あるいは改善できる。
- 現在では耐糖能の低下が診断の基準となっており、また、糖負荷時の初期血中インスリンの動向も有力な手がかりになる。

(1) 糖尿病の分類

糖尿病はⅠ型糖尿病すなわちインスリン依存型糖尿病（insulin dependent diabetes mellitus：IDDM）とⅡ型糖尿病すなわちインスリン非依存型糖尿病（non-insulin dependent diabetes mellitus：NIDDM）に大別される（表3-2）。

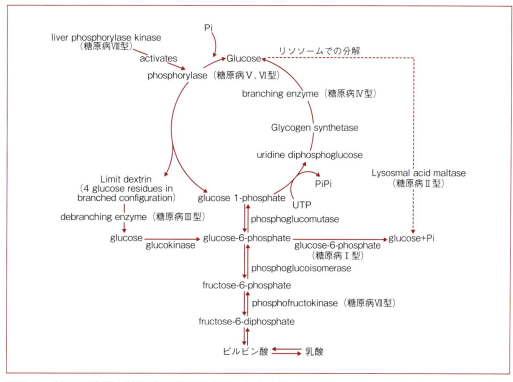

図3-1　糖原の代謝：糖原病の起こるまで　（　）内は、その酵素の欠損による糖原病のタイプを示す。

表3-3　主な糖原病の分類

型	通称	欠損酵素	主な罹患組織	糖原構造
Ⅰ	von Gierke 病	Glucose-6-phosphatase	肝臓、腎臓	正常
Ⅱ	Pompe 病	α-1,4-glucosidase	肝臓、心筋、筋肉	正常
Ⅲ	Cori 病 (limit dextrinosis)	amylo-1,6- glucosidase (debrancher) oligo-1,4 → 1,4-glucantransferase	A：肝臓、筋肉 B：肝臓	異常 (短い分岐)
Ⅳ	Andersen 病 (amylopectinosis)	α-1,4-glucan：α-1,4-glucan 6-glycosyltransferase (brancher)	肝臓（肝硬変症） 心筋、舌	異常 (少ない分岐)
Ⅴ	McArdle 病	筋 phosphorylase	筋肉	正常
Ⅵ	Hers 病	肝 phosphorylase?	肝臓	正常
Ⅶ	垂井病	筋 phosphofructokinase	筋肉	正常
Ⅷ		肝 phosphorylase kinase	肝臓	正常
Ⅸ	(Ⅸa、Ⅸb)	肝 phosphorylase kinase	肝臓	正常
Ⅹ		cyclic AMP dependent kinase	肝臓	正常

Ⅰ型糖尿病は膵β細胞の破壊による絶対的インスリンの欠乏を来たす疾患である。インスリンが欠乏しているため、インスリンの投与が必須である。Ⅱ型糖尿病はインスリン抵抗性（インスリンに対する感受性低下）とインスリン分泌不全による相対的インスリン欠乏を来たす疾患である。血中インスリン濃度は維持されており、インスリン治療が必ずしも必要でない。遺伝的素因と肥満や運動不足など生活習慣が発症に深くかかわっている。

その他の糖尿病として、成因により分類がなされている。

2. 糖原病（糖原蓄積症：glycogen storage disease）

先天性の糖代謝酵素の欠損により、前駆体である糖原が肝臓、心筋、骨格筋、脾臓などに蓄積する。糖原病の分類と欠損酵素について図3-1、表3-3 を参照のこと。

動物では犬で多くみられ、犬ではⅠ、Ⅱ、Ⅲ、Ⅶ型が、猫ではⅡ、Ⅳ型が知られている。

■ 脂肪・類脂質代謝異常

脂質はタンパク質とともに生体構成の主要要素であり、また糖類とともに熱源として重要である。生体の組織、細胞、体液内に広く存在し、その代謝異常は種々の疾患に伴って起こる。脂質は単純脂質と複合脂質に分けられる。

1. 脂 質
- 単純脂質：トリグリセリド（中性脂肪）、コレステロール、脂肪酸エステル
- 複合脂質・類脂質：脂肪酸、アルコールの他にリン、窒素化合物、糖などを含み主に機能性脂質として細胞の構成を担う。リン脂質、糖脂質があり、細胞膜や神経組織の重要な構成成分である。

血液中の脂質にはコレステロール、トリグリセリド、リン脂質、遊離脂肪酸が存在し、このうちコレステロール、トリグリセリド、リン脂質は血中で血漿蛋白と結合し移動する。これをリポ蛋白という。リポ蛋白は脂質成分が含まれる量によってカイロミクロン、超低比重リポ蛋白（VLDL）、低比重リポ蛋白（LDL）、高比重リポ蛋白（HDL）などに分けられる。

2. 脂肪症（steatosis）

組織学的に証明される脂肪が、細胞、組織に異常に増量することを脂肪症といい、次のものがある。
- 脂肪組織の脂肪の増量
- 実質細胞の脂肪症
- 間質の脂肪症
- 脂肪蓄積症

3. 脂肪変性（fatty degeneration）、
   脂肪化（fatty change）

肝臓、腎臓、心臓などの実質細胞に脂質が過剰に沈着する状態を脂肪変性という。脂肪変性は細胞に明らかな代謝障害のある場合に起こり、すなわち脂肪の利用の阻害、脂肪供給の過剰、脂肪合成の過剰などによる。脂肪変性は酸素欠乏、薬物中毒、感染を起こした際の肝臓や腎臓などでよく起こる。また、動脈硬化症の1つである粥状硬化症では、血管の内膜にコレステロールが沈着する。

肝臓は脂質代謝の中心臓器で、①脂肪合成の増加、②脂肪酸化の減退、③貯蔵脂肪の肝臓への動員、④肝臓からの脂肪移動の減退により、肝細胞への脂肪沈着が起こる。

肝細胞の脂肪変性は、脂肪の沈着部位により、以下に分けられる。
- 小葉周辺性脂肪化：正常でも過食により、小葉周辺性に肝細胞の脂肪沈着をみる。
- 小葉中心性脂肪化：うっ血による酸素欠乏、中毒、急性感染など。
- び漫性脂肪化：アルコール中毒、過食。

4. 脂質（蓄積）症（lipidosis）

先天性（常染色体劣性遺伝）の複合脂質代謝酵素の欠損により、前駆体の複合脂質が脳や網内系組織に沈着する。脂質蓄積症と欠損酵素を図3-2、表3-4に示す。GM_1-ガングリオシドーシス、GM_2-ガングリオシドーシス（Tay-Sacs）、Krabbe病、Niemann-Pick病は犬および猫、Gaucher病は犬でみられる。

■ 色素代謝障害（色素代謝異常）

1. 色素沈着症

色素沈着では、生体内で形成される色素（体内性色素）が沈着するものと外来性の色素（体外性色素）が沈着するものがある。体内性色素としてはメラニン、リポフスチン、血色素に由来する血鉄素（ヘモジデリン）、胆色素（ビリルビン）、ヘ

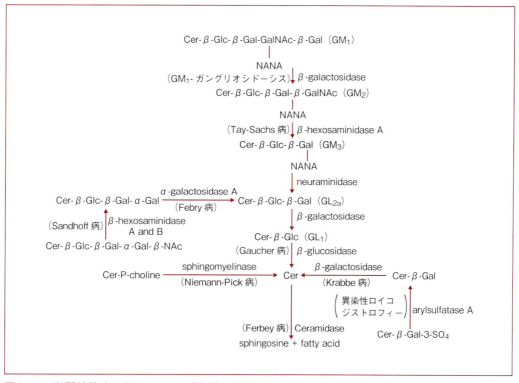

図3-2 脂質蓄積症の起こるまで（脂質の代謝）　（　）内は、その酵素の欠損による脂質蓄積症を示す。

表3-4 主な脂質蓄積症とその欠損酵素

名　称	欠損酵素	主な蓄積脂肪	主な蓄積臓器
Gaucher病	glucocerebroside β-glucosidase	glucocerebroside	肝臓、脾臓、リンパ節、骨髄
Krabbe病	galactocerebroside β-galactosidase	galactocerebroside	中枢および末梢神経
Fabry病	α-galactosidase A	trihexosylceramide	皮膚、腎臓、心臓
GM_1-ガングリオシドーシス	β-galactosidase	GM_1-ganglioside	肝臓、脾臓、腎臓
GM_2-ガングリオシドーシス（Tay-Sachs病）	β-hexosaminidase A	GM_2-ganglioside	脳、網膜
異染性ロイコジストロフィー	arylsulfatase A	sulfatide	脳、肝臓、脾臓
Niemann-Pick病	sphingomyelinase	sphingomyelin	脾臓、骨髄、肝臓

図3-3 メラニン産生と代謝異常による疾患

マトイジンなどあり、体外性色素として炭粉、ケイ酸、アスベストなどがある。

(1) メラニン

メラニン（melanin）は皮膚、毛髪、網膜、虹彩などに存在する褐色から黒褐色の色素で、メラニン細胞（melanocyte）でチロシンから形成される（図3-3）。メラニン産生が亢進する疾患として、副腎皮質の破壊による副腎皮質機能低下が原因となるアジソン病、母斑細胞の増生による色素性母斑、メラニン細胞に由来する腫瘍である悪性黒色腫（malignant melanoma）などがある。アルビノ（白子）は先天性のチロジナーゼの欠損により、メラニンが産生されない。

(2) リポフスチン

リポフスチン（lipofuscin）は消耗性色素、加齢性色素とも呼ばれ、微細な褐色の細胞質内顆粒として沈着する。生理的にはリポフスチンは神経細胞、心筋、肝細胞などにみられる。リポフスチンの沈着した臓器が萎縮すると、肉眼的に褐色萎縮という像を呈する。これは肝臓や心臓でみられる。

(3) ヘモジデリン

ヘモジデリン（hemosiderin）はヘモグロビン由来の黄褐色の顆粒状色素で、赤血球崩壊により生じたヘモグロビンが貪食細胞に取り込まれ形成される。この沈着症を血鉄症ヘモジデローシスという。

(4) ヘモクロマトーシス（hemochromatosis）

全身性ヘモジデローシスは、全身性に網内系や実質臓器に遊離鉄が過剰に沈着し、実質細胞が傷害される疾患で、ヒトでは常染色体劣性遺伝の一次性ヘモクロマトーシスと、鉄剤の過剰投与や長期にわたる輸血などによって引き起こされる二次性ヘモクロマトーシスがある。

一次性ヘモクロマトーシスは網内系、肝臓、膵臓、唾液腺、下垂体、甲状腺、副腎、心筋、消化管の平滑筋、骨格筋、皮膚など、あらゆる実質細胞にヘモジデリンが沈着する。これによる実質傷害により、肝硬変（色素性肝硬変）、糖尿病、青銅色糖尿病の三大主徴を来たす。

(5) 胆色素

胆汁中の胆色素は、橙色のビリルビン（胆赤素：bilirubin）とその酸化によって生じる緑色のビリベルジン（胆緑素：biliverdin）がある。血液中のビリルビンは老廃赤血球や溶血などの赤血球崩壊により脾臓、肝臓、骨髄などの網内系細胞に貪食され、ヘモグロビンはヘムとグロビンになるが、このヘムから鉄とビリルビンに分解される。この非水溶性のビリルビンは血中でアルブミンと結合して肝臓へ入り、肝細胞内でグルクロン酸抱合を受け水溶性の抱合型ビリルビンとなる。抱合型ビリルビンは毛細胆管を経て、胆汁中に分泌される（図3-4）。

胆汁として腸管内に排泄されたビリルビンは腸管内で腸内細菌により還元され、ウロビリ

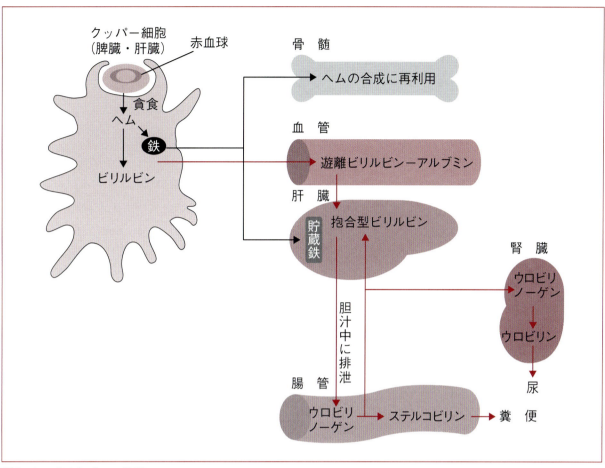

図3-4　ビリルビンの代謝

ノーゲン（urobilinogen）になる。ウロビリノーゲンは酸化されて橙黄色のステルコビリンとなり、糞便として排出される。一部は腸管内で再吸収され門脈を経由して肝臓に運ばれ、再度胆汁中に排泄される（腸肝循環）。この血中に取り込まれたウロビリノーゲンの一部は腎臓を経て尿中に排泄され、酸化されて、黄色のウロビリン（urobilin）となる。

　グルクロン酸抱合を受けた水溶性ビリルビンはErhrich試薬（ジアゾ試薬）で反応し、桃色を呈する。これを直接ビリルビンという。一方、非水溶性ビリルビンはアルコールなどを加えることによってこの試薬に反応する。これを間接ビリルビンという。この反応はHijimans van den Bergh反応として、血中のビリルビンの性質を調べるために用いられる。

2. 黄　疸

　胆色素の代謝過程の異常により、血中にビリルビンが増量し、そのために皮膚、結膜、全身諸臓器にビリルビンが沈着し、黄色となる病態を黄疸（icterus、jaundice）という。

　黄疸は原因により、以下のように分類される。

(1) 溶血性黄疸（肝前性型）

　赤血球の崩壊が高度で、過剰のビリルビンが生成され、血中に間接（非抱合型）ビリルビンが増加した状態である。溶血毒による中毒、ビロプラズマ症、レプトスピラ症、馬伝染性貧血などでみられる。ヒトでは新生児黄疸、家族性溶血性黄疸、新生児重症黄疸などがある。黄疸の原因が肝細胞以前にあるという意味で、肝前性黄疸とも呼ばれる。

(2) 肝細胞性黄疸（肝性）

　　肝細胞の機能の低下により、ビリルビンの代謝が障害された場合に起こる。これには肝細胞のビリルビン取り込みの低下、肝細胞傷害によるグルクロン酸抱合や毛細胆管への胆汁排泄の低下、肝細胞の壊死および崩壊に伴う胆汁の類洞への流出などの病態を含むため、増加するビリルビンは原因により、抱合型と非抱合型が種々混じり合っている。肝臓毒による中毒、ウイルス感染などにより起こる。

(3) 閉塞性黄疸（肝後性）

　　胆道の狭窄、閉塞により胆汁の通過障害が起こると胆汁栓が形成され、胆道内圧が高まり、胆汁路の破綻が生じ、抱合型ビリルビンが血中に流入する。肝細胞を経由した後に黄疸の原因があるので肝後性黄疸とも呼ばれる。胆道の通過障害は毛細胆管の狭窄や閉塞、寄生虫の胆管寄生による胆管閉塞、胆管炎、胆石や胆管癌による胆管狭窄や閉塞などの原因となる。胆道の完全閉塞では、胆汁が十二指腸に排泄されないため腸内にウロビリン体が生じず、灰白色の便となる。増加した血中の抱合型ビリルビンは水溶性であるため、尿中に排泄され濃黄色尿となる。

■ 無機質代謝異常

　生体は地殻に含まれるほとんどすべての無機物質（ミネラル）を保有している。無機質は体内で合成されないため、食物として摂取する必要がある。その生理的な重要さは量とは関係なく、ごく微量でも不可欠な要素となっている。ナトリウム（Na）、カリウム（K）、塩素（Cl）、カルシウム（Ca）、マグネシウム（Mg）、リン（P）、硫黄（S）は、主要無機質と呼ばれる。鉄（Fe）、銅（Cu）、亜鉛（Zn）、ヨウ素（I）、セレン（Se）、マンガン（Mn）、モリブデン（Mo）、コバルト（Co）などは微量無機質と呼ばれる。無機質は欠乏しても、過剰となっても生体に障害を与える。

ここではカルシウムについて述べる。

1. カルシウム代謝

　生体内のカルシウム（Ca）は、その99％が骨や歯に分布し、残りが細胞内、細胞外液に存在する。カルシウムは骨の成分のほか、血液凝固、神経、筋肉機能、細胞膜透過性調節、細胞接着、腺細胞の分泌機構に重要な機能を果たしている。カルシウムは小腸で吸収され、血中カルシウムはタンパク質と結合したカルシウム、乳酸、炭酸、リン酸などと塩を形成したカルシウム、イオン化したカルシウム（Ca^{2+}）として存在している。血中カルシウム濃度は上皮小体ホルモン（parathyroid hormone：PTH）、甲状腺C細胞から分泌されるカルシトニン（carcitonin）およびビタミンDによって一定に調整されている。

　パラソルモンは血清カルシウムの低下、リン酸塩の上昇によって分泌が亢進し、骨からカルシウムの動員、腎尿細管からのカルシウム再吸収の促進とリン酸塩再吸収の抑制によって、血清カルシウムの上昇とリン酸塩の低下に作用する。カルシトニンはこれに拮抗的に働き、骨および腎臓からのカルシウムの吸収を抑制する。ビタミンDは食事から摂取される以外に、体内でコレステロール中間代謝物から紫外線の作用で産生され、これは肝臓、次に腎臓で水酸化され、活性型ビタミンD_3（$1,25[OH]_2D_3$）となる。活性型ビタミンD_3は小腸からのカルシウムとリンの吸収を促進し、骨からのカルシウムの脱出を促す。また、腎臓でカルシウムとリンの再吸収を促進する。

(1) 石灰化（calcification、病的石灰沈着）

　　正常では認められない組織にカルシウム塩が異常に沈着することを石灰化という。

　　病的石灰沈着は、発生機序により異栄養性石灰化と転移性石灰化に大別される。

・異栄養性石灰化（dystrophic calcification）：変性や壊死組織、融解や吸収の困難な組織内異物などがあると、そこに血中カルシウムの

増加がなくても石灰沈着が起こる。例として、結核症の乾酪化巣、動脈硬化症の内膜などに起こる。
・転移性石灰化（metastatic calcification）：高カルシウム血症があると、過剰なカルシウムイオンが細胞や組織に運ばれて石灰沈着を起こす。原因として、副甲状腺機能亢進、ビタミンD過剰、腫瘍の骨転移による骨破壊、腎機能不全、カルシウム過剰摂取などがある。

2. 結　石

分泌物や排泄物中に溶解している無機、有機の物質が析出して固体物が作られることがあり、この硬い形成物を結石という。結石はできる場所により胆石、尿石、唾石、膵石などと呼ばれる。

ここでは重要となる胆石、尿石について述べる。

（1）胆　石

胆石は胆嚢内や胆管内で胆汁中のコレステロール、ビリルビンカルシウム、炭酸カルシウムを主な成分として形成される。成因として、高コレステロール血症における胆汁中へのコレステロールの過剰分泌、炎症による胆汁酸の吸収亢進、胆汁うっ滞による胆汁の濃縮、壊死細胞などの細胞崩壊物や寄生虫卵などの中核となる物質の増量などにより形成される。

（2）尿　石

尿石は尿中の尿酸塩、リン酸塩、シュウ酸塩、炭酸塩、シスチンなどの析出によりできる結石で、腎盂、尿管、膀胱および尿道に存在する。部位により腎石、膀胱石、尿道石などとよばれる。尿酸、シュウ酸カルシウム、リン酸アンモニウム・マグネシウムの混合石が大部分である。

（3）結石による障害

結石はそれが存在する場所に炎症を起こし、また急激な結石疝痛を起こす。尿石では血尿を起こす。結石が存在する場所で通過障害を起こすと、胆道では胆汁のうっ滞によりうっ滞性黄疸や胆汁性肝硬変を、尿路系では水腎症や水腎症性萎縮腎を引き起こす。

2. 萎　縮

萎縮（atrophy）とは、一度正常な大きさに発育した臓器、組織、細胞がその容積を減じることをいう。萎縮には、個々の実質細胞が縮小することにより、臓器の大きさが小さくなる単純萎縮（細胞性萎縮）と、個々の細胞の大きさは変わらないが、細胞の数が減少することにより容積が減る数的萎縮とがある。すべての臓器は、特有の機能を有する実質細胞と、栄養を司る血管、支持組織となる結合組織を含む間質からなるが、真の萎縮は実質に起こる。

■ 原因による分類

1. 生理的萎縮

生理的な原因で生じるもので、加齢に伴って起こるため、加齢性萎縮、老人性萎縮、あるいは退縮とも呼ばれ、胸腺や精巣、子宮、乳腺、卵巣、骨格筋、骨などでみられる。

2. 栄養障害性萎縮

飢餓のような栄養供給の不十分な場合や、消化管の狭窄あるいは閉塞などにより、栄養の吸収が妨げられた場合などに起こる萎縮である。全身性

の萎縮を来たすが、その程度は臓器により異なり、脂肪組織や筋肉などでは著明にみられ、脳や心臓では軽度である。

3. 神経性萎縮

臓器組織を支配する末梢神経やその中枢部に障害や切断などが起こると、その支配領域の組織に萎縮が起こる。例えば、神経切断による骨格筋の萎縮がある。

4. 圧迫萎縮

局所的に長く持続する圧迫が加わると循環障害や直接の圧迫により萎縮する。例えば、水腎症、水頭症、腫瘍の増殖に伴う周囲組織の萎縮などがある。

5. 廃用萎縮

無為萎縮とも呼ばれ、臓器、組織の長期間にわたる活動の停止や制限により生じる萎縮で、骨折時のギブス固定による骨格筋の萎縮や、無重力環境下における骨格筋や骨の萎縮がその例である。

6. 内分泌性萎縮

ホルモンの不足や欠如によりその作用器官に萎縮が起こるもので、卵巣摘出に伴う子宮の萎縮、副腎皮質ホルモンの長期投与における副腎皮質の萎縮などがその例である。

7. 貧血性萎縮

局所の循環障害が持続すると、酸素欠乏、代謝障害の結果、支配下組織は萎縮する。例えば、動脈硬化性萎縮腎がある。

3. 壊死とアポトーシス

細胞は障害を受けると反応し、適応しようとする。しかし、その障害が強い場合、または長く続いた場合には適応できず死に至る。生体における細胞、組織の局所的で病的な死を壊死（ネクローシス：necrosis）という。一方、生体のプログラムに従って起こる生理的な細胞の死をアポトーシス（apoptosis）という（図3-5、表3-5）。

■ 壊　死

壊死は病的要因によって起こる細胞死の集合体であり、壊死の原因としては、局所の循環障害による虚血、物理的要因、化学物質の暴露、細菌やウイルスの感染などがある。ATPを産生するミトコンドリアの早期崩壊により、ATPが低下するため、細胞膜の輸送系が崩れ、細胞内に水が流入し膨化する。

1. 壊死の種類

壊死は大別して、凝固壊死と融解壊死に分けられる。これ以外に特殊な壊死として、脂肪壊死や壊疽がある。

(1) 凝固壊死

壊死組織が水分を失い凝固して硬くなるもので、タンパク質に富む組織にみられる。典型例として、心筋梗塞、腎臓・脾臓の貧血性梗塞がある。結核などの結節性病変の中心部で認められる乾酪壊死も凝固壊死のひとつである。肉眼的には、壊死組織は白色で光沢がなく、不透明である。組織学的には、細胞の核は消失し、細胞の輪郭や組織の基本構造は保たれていることがある。

(2) 融解（液化）壊死

壊死組織が軟化融解するもので、凝固するタンパク質が不足する場合に起こる。また二次的に壊死組織が好中球などの蛋白分解酵素により

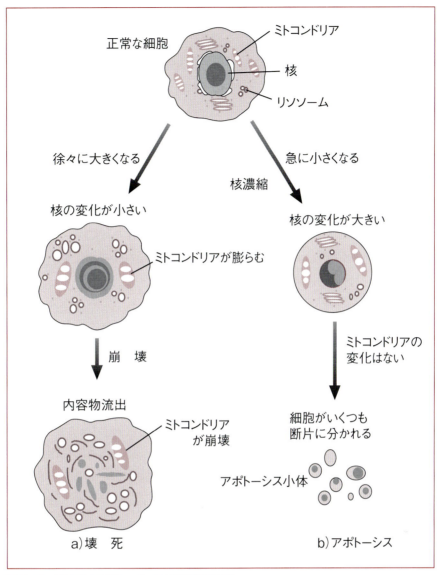

図3-5 壊死とアポトーシスの形態の比較

表3-5 壊死とアポトーシスの特徴

	壊 死	アポトーシス
要 因	病理的（火傷、毒物、虚血、補体攻撃、溶解性ウイルス感染、過剰な薬物投与や放射線照射など）	生理的あるいは病理的（ホルモン異常、成長因子の除去、細胞傷害性T細胞の攻撃、HIV感染、放射線、温熱、制癌剤など）
過 程	ミトコンドリアや小胞体の膨化 イオン輸送系の崩壊 細胞の膨化と溶解 細胞内容物の流出	細胞縮小 ヌクレオソーム単位のDNA断片化 細胞表面の平滑化 細胞の断片化
特 性	組織内でいっせいに発現 長時間に漸次進行 受動的崩壊過程	組織内で潜在的に発現 短時間に段階的に進行 能動的自壊過程

第3章 細胞や組織に生じる変化：退行性病変（変性、萎縮、壊死・アポトーシス）

液状化したものも融解壊死に含まれる。典型例として、脳梗塞による脳軟化症がある。軸索の周りのミエリンの崩壊により大量の脂質が遊離し、凝固が妨げられる。

(3) 脂肪壊死

脂肪組織が脂肪分解酵素により分解される特別な壊死で、脂肪組織がリパーゼにより脂肪酸とグリセリンに分解され、壊死部に石鹸を形成する（鹸化）。その例として、急性膵炎による脂肪壊死がある。

(4) 壊　疽

比較的広範な壊死組織が外界の影響や細菌の繁殖の影響により、二次的変化を受け、黒色を呈する壊死をいう。

① 湿性壊疽

水分に富む壊死部に腐敗菌が感染し、二次的に腐敗したもので、悪臭を放つ。肺壊疽、腐敗性子宮内膜炎など。

② 乾性壊疽

壊死組織の水分が蒸発して乾燥したもので、硬化する。ミイラ化もこの例である。四肢末端部の動脈閉鎖による梗塞巣でよくみられる。

2. 壊死組織の運命

壊死に陥った細胞・組織は変性蛋白として、非自己と認識され処理される。壊死した細胞の内容物の流出により、炎症反応が引き起こされる。自己融解酵素によって分解され、さらに浸潤した好中球・マクロファージなどの細胞に貪食されて分解、処理される。壊死組織が大きい場合には、肉芽組織により取り囲まれる（被包化）。さらに肉芽組織が線維化すると瘢痕となる（瘢痕化・器質化）。

■ アポトーシス

生体の形成過程や変態、生理的組織の退縮などの際に不要となった細胞が除去されるときに起こる、プログラムされた細胞死をいう。多くは生理的な現象として起こるが、ウイルス感染細胞、腫瘍などでの高度なDNA損傷をもつ細胞、自己免疫疾患における自己反応性細胞など病理的な細胞除去でもみられる。

変化は核から起こり、核クロマチンの凝集に続き核は濃縮し断片化する。細胞質も（一部は核断片を含みながら）断片化し、この細胞断片はアポトーシス小体として認識される。

アポトーシスでは壊死とは異なり、ATPレベルが正常に保たれたまま細胞死へ至る。アポトーシス小体はマクロファージなどの周囲の細胞によって速やかに貪食処理され、細胞内の内容物が周囲に流出することがないので、炎症は発生しない。

アポトーシスの分子機構は3つの過程で考えられる。アポトーシスを誘発する刺激による誘導機構、アポトーシスの決定機構、アポトーシスの実行機構である。アポトーシス刺激の膜受容体としては、Fas抗原と腫瘍壊死因子(TNF)の受容体が知られている。受容体の刺激は、刺激伝達系により細胞内へと伝えられるが、この反応にはbcl-2（アポトーシス抑制）、p53（アポトーシス促進）などの癌関連遺伝子が関与する。アポトーシスが決定された細胞では、実行機構である各種カスパーゼ（代表的なものはカスパーゼ3）とエンドヌクレアーゼが活性化され、アポトーシスが起こる。細胞はカスパーゼによって分解され、DNAはエンドヌクレアーゼによって、ヌクレオソーム単位で切断される。

第3章　細胞や組織に生じる変化：退行性病変（変性、萎縮、壊死・アポトーシス）
演習問題

問1 変性の解説について、誤ったものをひとつ選べ。
① 変性や萎縮は原因が取り除かれると、その細胞は正常状態に戻る可逆的変化である
② Ⅱ型糖尿病では、膵ランゲルハンス島のβ細胞の破壊をみる
③ 腎尿細管上皮に起こる硝子滴変性は、糸球体から漏出したタンパクの再吸収像である
④ アミロイドはコンゴ赤染色で橙色に染まり、偏光顕微鏡下で緑色偏光を生じる
⑤ フィブリノイド（類線維素）変性は主に中・小動脈壁に起こり、病変部はエオジンで濃く均一に染まる。

問2 萎縮について、誤ったものをひとつ選べ。
① 萎縮とは一度正常な大きさに発育した細胞・組織・臓器が、その容積を減じることをいう
② 単純萎縮とは、構成する個々の細胞の容積が減ることをいう
③ 老齢になると骨格筋や骨などが萎縮するのは、内分泌性萎縮の例である
④ 水腎症は圧迫萎縮の例である
⑤ 動脈硬化性萎縮腎は、貧血性萎縮の例である

問3 細胞の死について、誤ったものをひとつ選べ。
① 壊死では細胞小器官が膨化し崩壊し、核膜が破綻する
② 壊死では、細胞のATPレベルが正常に保たれている
③ アポトーシスでは、アポトーシス小体をみる
④ 胸腺皮質でのT細胞の選択的な細胞死はアポトーシスである
⑤ アポトーシスの形態変化では、ミトコンドリアなどの細胞小器官が保たれている

動物病理学

解　答

問1 正解 ② Ⅱ型糖尿病では、膵ランゲルハンス島のβ細胞の破壊をみる

　　Ⅰ型糖尿病（インスリン依存型糖尿病 IDDM）は膵β細胞の破壊によりインスリン欠乏をきたす疾患であり、Ⅱ型糖尿病（インスリン非依存型糖尿病 NIDDM）はβ細胞の破壊によるのではなく、インスリン抵抗性（インスリンに対する感受性低下）とインスリン分泌不全による疾患で、血中インスリン濃度は保たれている。したがって、β細胞の破壊は1型糖尿病でみられる。

問2 正解 ③ 老齢になると骨格筋や骨などが萎縮するのは、内分泌性萎縮の例である

　　内分泌性萎縮はホルモンの不足や欠如によりその作用器官に萎縮が起こるもので、卵巣の摘出後の子宮の萎縮や副腎皮質ホルモンの長期投与による副腎皮質の萎縮などがその例である。
　　加齢によって骨格筋や骨などが萎縮するのは生理的原因によるもので、生理的萎縮（加齢性萎縮、老人性萎縮あるいは退縮とも呼ばれる）である。

問3 正解 ② 壊死では、細胞の ATP レベルが正常に保たれている

　　壊死ではミトコンドリアや小胞体などの細胞小器官が早期に膨化崩壊するため、ミトコンドリアにより産生される ATP が低下する。一方、アポトーシスではミトコンドリアは保たれているため、ATP レベルは正常に保たれたまま細胞が濃縮し、アポトーシス小体を形成する。

第4章
細胞や組織に生じる変化：進行性病変（増殖と修復）

一般目標
細胞や組織の増殖の機序と再生と化生、損傷の病態と治癒の過程を理解する。

到達目標
1）細胞増殖のメカニズム、再生と化生について説明できる。
2）肥大について原因を挙げて説明でき、過形成との違いを理解できる。
3）創傷治癒機転の過程について説明できる。
4）創傷治癒に影響を及ぼす因子を挙げて説明できる。
5）病的な損傷について説明できる。
6）異物処理について説明できる。

キーワード
細胞分裂、細胞周期、安定細胞、不安定細胞、永久細胞、肥大、過形成、化生、再生、創傷治癒、第一次治癒、第二次治癒、肉芽組織、瘢痕化、異物処理、貪食、吸収、器質化、被包化

　動物の体はさまざまな機能を有する莫大な数の細胞から構成されている。さまざまな機能をもつ細胞が集まり、互いに調和しながら組織を形成し、その組織が集まってさまざまな器官・臓器を形成して種々の機能を果たしている。細胞あるいは組織が傷害を受けると、複雑かつ巧妙な機構により修復され、新生された同種の細胞や組織に置き換わる。

1. 細胞増殖のメカニズム

　動物の体は多様な機能を有する細胞が集まって構成されており、それらの細胞が相互に調和して機能することによって生体の恒常性が維持されている。この恒常性維持の根本となっているのが細胞の増殖と細胞死であり、どちらもさまざまな機序で制御されている。ここでは、その細胞増殖のメカニズムについて説明する。

■ 細胞分裂と細胞周期

　生体の多くの細胞は、常時もしくは必要に応じ

て随時増殖している。増殖しつづける細胞としては、皮膚の扁平上皮、消化管の粘膜上皮などの上皮細胞、骨髄の造血細胞などが挙げられ、これらは不安定細胞と呼ばれる。潜在的には増殖能を有しているが、常時増殖しているわけではなく、細胞傷害時など何らかの増殖刺激によって増殖する細胞（静止細胞）には、結合組織の線維芽細胞、血管内皮細胞、肝臓や腎臓の実質細胞などが含まれ、これらは安定細胞と呼ばれる。一方、神経細胞や心筋細胞など、高次機能を有する状態の細胞は増殖しないことが知られており（注：最近の再生医学の研究により神経細胞も特定の状況下では増殖する可能性があることが明らかになった）、これらは永久細胞と呼ばれる。多くの細胞は、役割を終えて細胞死を起こすか、さまざまな方法で処理され、それを補充するために新たな細胞が形成される。この細胞の増殖は、細胞分裂によって起こり、その細胞分裂を制御しているのが細胞周期である。

細胞分裂には、体細胞分裂と減数分裂があり、多細胞生物で一般的に起こる分裂は体細胞分裂（あるいは有糸分裂）である。減数分裂は、動物では配偶子を形成するときに起こり、染色体数が親細胞の半分に減数する。配偶子である精子と卵子が受精すると親細胞の染色体数と同じ受精卵ができる。

細胞周期は、G_1期、S期、G_2期、M期の4つのステージに分類される（図4-1）。S期（合成期）にDNAの複製が行われ、M期（分裂期）に核分裂とそれに続く細胞質分裂が行われる。細胞周期のうち、核分裂と核分裂の間を間期といい、間期のうち、M期とS期の間をG_1期、S期とM期の間をG_2期という。すなわち細胞周期は、G_1期→S期→G_2期→M期→G_1期というように進行していき、細胞周期が1周するとひとつの親細胞から2つの娘細胞が形成される。哺乳類の培養細胞では、M期は1時間程度で終了し、S期は10〜12時間程度を要する。M期を経た細胞は、G_1期に入り再度分裂するものもあれば、静止状態になるものもあり、この細胞が分裂しない時期をG_0期（静

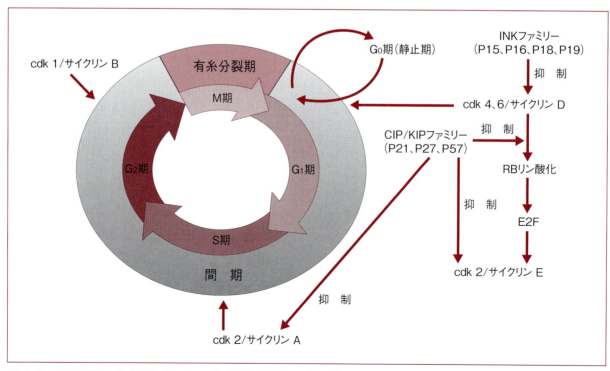

図4-1　細胞周期の模式図と各ステージに機能するタンパク質

止期）という。前述のように、G_0期の静止細胞は、細胞の種類によっては増殖刺激によってG_1期へ進む場合もある。

■ 細胞周期の調節機構

細胞周期はさまざまなタンパク質によって調節されている（図4-1）。細胞周期を進行させるいわゆるアクセルの働きをするタンパク質と、細胞周期の進行を抑制するいわゆるブレーキの働きをするタンパク質が存在している。サイクリン（cyclin）とサイクリン依存性キナーゼ（cdk）からなる複合体は、細胞周期の調節において中心的な役割を果たす重要なタンパク質で、この複合体が順次活性化されることにより基質となる次の細胞周期タンパク質をリン酸化し、細胞周期を進行させる。細胞周期の各ステージにおいて特異的なキナーゼ複合体の組み合わせが存在している（G_0/G_1期→S期：cdk4,6/サイクリンD、cdk2/サイクリンE、S期→G_2期：cdk2/サイクリンA、G_2期→M期：cdk1/サイクリンB）。これらのキナーゼ複合体がリン酸化するタンパク質のひとつに、がん抑制遺伝子の網膜芽細胞腫遺伝子タンパク質（RB）がある。本来RBは細胞周期の進行を抑制しているが、cdk4,6/サイクリンD複合体によってリン酸化されることでその機能を失い、さらに遊離したE2Fが転写因子としてG_0/G_1期からS期への移行に必要なサイクリンEの転写を進め、サイクリンEがcdk2と結合し活性化することによって、細胞周期はS期へと進行する。

一方、cdkの細胞周期の進行に対して抑制的に機能する別のタンパク質が存在している。サイクリン依存性キナーゼ抑制因子（CKI）と呼ばれる一群で、CIP/KIPファミリーとINKファミリーに大きく分けられる。CIP/KIPファミリーにはP21、P27、P57があり、特にP21タンパク質はcdk4/サイクリンD複合体と結合し、cdkによるRBのリン酸化を抑制する。INKファミリーにはP15、P16、P18、P19の4種のタンパク質が同定されており、とくにP16タンパク質はサイクリンDと拮抗してcdkと結合し、cdk4,6/サイクリンDの複合体によるG_1期からS期への移行促進を抑制する。

■ 細胞周期規定因子

細胞周期は、細胞外マトリックスと細胞増殖因子によって制御される。細胞増殖に関するイベントは核内で起こるが、多くの場合、細胞外からの刺激が細胞膜や細胞質の多くの分子を介して細胞質に伝達される（図4-2）。このシステムをシグナル伝達という。最も重要な刺激はポリペプチド性増殖因子であり、特定の細胞で産生された増殖因子が、産生した細胞自身の細胞膜上にある受容体に結合し作用を受ける機序をオートクリンと呼び、近隣の細胞に作用する機序をパラクリンと呼ぶ。代表的な増殖因子としては、上皮細胞の増殖を促進する上皮成長因子（EGF）、血小板から産生され、傷害部位における間質細胞などの増殖と遊走に関わる血小板由来成長因子（PDGF）、マクロファージなどの滲出細胞で産生され、組織傷害後の肉芽組織形成と線維化に関与する形質転換成長因子（TGF-β）、血管内皮の増殖活性を有し、肉芽組織や腫瘍組織における血管新生の誘導に関わる血管内皮成長因子（VEGF）などが挙げられる。

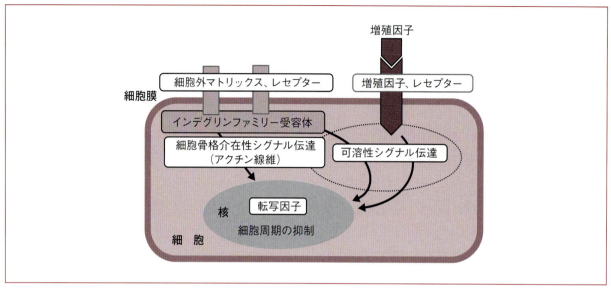
図4-2　細胞周期規定因子

2. 細胞傷害に対する細胞の適応

　細胞が傷害を受けると、細胞の機能や形態にさまざまな変化が引き起こされる。傷害の程度が軽い場合は、傷害を受けた細胞が変性を起こして機能や形態に異常が生じても、多くの場合は傷害因子が除去されると正常に戻る。一方、傷害が重度の場合は、傷害を受けた細胞は元に戻ることができず死滅する。傷害を受けた細胞や組織では、細胞内外にさまざまな物質が沈着し、石灰沈着、アミロイド変性、硝子様変性、フィブリノイド変性、グリコーゲン変性、色素沈着など多様な形態学的異常が認められることがある。変性した細胞、組織では機能的低下が著しいが、一般的には時間の低下とともに回復する。

　また、細胞や組織が傷害因子により刺激を受けた場合、細胞はその形態や構造を変化させて安定状態に至ることがあり、これを適応反応という。ここでは、さまざまな傷害因子に対する細胞、組織の適応反応として生じる変化である萎縮、肥大、過形成、化生について説明する（図4-3）。

■ 萎　縮

　萎縮（atrophy）とは、正常な大きさに発育した臓器、組織の容積が、後天的なさまざまな原因により減少した状態のことである。萎縮には脂肪変性やグリコーゲン変性、色素沈着などの変性を伴う場合があり、これを変性萎縮という。萎縮のように正常に発育した後に縮小するのではなく、発育障害などのために正常の大きさまで達しない場合は、低形成または形成不全という。萎縮は引き起こされる原因によって分類される。詳しくは、3章を参照のこと。

■ 肥大と過形成

　臓器がその固有の形や構造を保ちながら正常以上の大きさになる場合に、組織を構成する個々の細胞成分の容積の増大によって生じるものを肥大（hypertrophy）、細胞数の増加によって生じるものを過形成（hyperplasia）という。過形成は刺激に対する細胞増殖反応を伴っている。肥大と過形

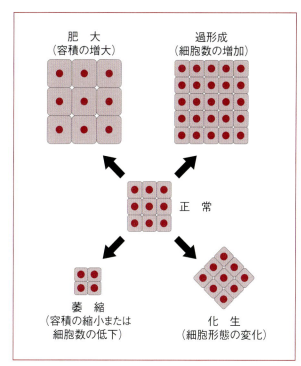

図4-3 細胞の適応反応
出典:「鈴木 貴:代謝異常、シンプル病理学(笹野公伸、岡田保典、安井 弥 編)、改訂第6版、P.110、2010、南江堂」より許諾を得て改変し転載.

成は、それを引き起こす原因によって以下のように分類される。

1. 労働性肥大

臓器に対する機能的な負荷の増大によって引き起こされる適応反応で、臓器は徐々に肥大増生して機能を高めることによって適応する。例として、心および肺疾患に伴う心肥大、競走馬や競技犬の心臓筋の肥大、妊娠時の子宮や乳腺の肥大や過形成などが挙げられる。競走馬の心肥大や妊娠時の子宮、乳腺の肥大など生理的な原因によって引き起こされる肥大は生理的肥大、心や肺の疾患に伴う心肥大など病的な状態によって引き起こされる肥大は病的肥大とされる。心筋や骨格筋は細胞分裂能に乏しいため、機能的負荷がかかると、筋繊維を肥大させることによって機能を増加させる。

2. 代償性肥大

腎臓や副腎などの対を成す臓器では、先天的あるいは後天的に片側が欠如した場合に、機能を代償するために残された片側に肥大が生じる。

3. 慢性刺激による肥大／過形成

炎症性の刺激や化学・物理的刺激など、比較的軽い刺激が持続的に続いた場合に、組織の肥大や過形成が認められる。例として、肘関節や飛節内側などに形成される胼胝(たこ)などが挙げられる。

4. ホルモン性肥大／過形成

分泌されるホルモンの作用によって引き起こされる肥大や過形成である。例として、エストロゲンによる乳腺や子宮内膜の増殖や、下垂体性副腎皮質機能亢進症の際の、ACTHの過剰分泌による副腎皮質の肥大や過形成が挙げられる。

5. 機械的抑制の排除による肥大

体の一部の組織容積が縮小した場合、あるいは機械的圧迫を失った場合に、周囲の組織が増殖する場合がある。骨髄や筋肉の委縮のあとに補空的に脂肪組織が増殖する場合、補空肥大または仮性肥大という。

■ 化 生

分化成熟した組織や細胞が、その潜有能の範囲内で異なる形態や機能をもつほかの細胞に変化する現象を化生(metaplasia)という。異常な刺激が長く続いた場合に、分化の方向を変えることによって新たな環境に適用しようとする細胞・組織の適応反応の一つである。化生は再生増殖細胞の分化異常で、再生が契機となって起こる。通常、化生は同一胚葉組織内での変化であり、胚葉をまたがって化生を生じることはない。つまり、外胚葉由来である上皮組織が、中胚葉由来の結合組織に変化することはないということである。

化生は上皮の化生と間葉性組織の化生に大別される。上皮の化生の代表的な例として、種々の上

皮組織に認められる扁平上皮化生や、胃の粘膜に認められる腸上皮化生がある。また、間葉性組織の化生の代表的な例としては、骨や軟骨への化生（骨化生、軟骨化生）がある。

3. 創傷の分類と病的損傷

創傷とは「創」と「傷」という異なるタイプの損傷をまとめて指す総称であり、「創」は皮膚の破綻を伴う損傷を指し、「傷」は皮膚の破綻を伴わない損傷を指す。組織あるいは臓器の正常な生理的連続性が、外因性もしくは内因性に破綻した状態を総称して損傷と呼び、そのうち外因性の損傷が外傷と定義される。一般的に創傷は、損傷と同義的に用いられる場合が多い。ここでは、創傷の分類、組織や臓器に生じる病的な損傷について説明し、次項でその創傷の治癒について説明する。

■ 創傷の分類

損傷は機械的損傷と非機械的損傷に大別され、さらに機械的損傷は、皮膚の離断を伴う開放性損傷と、伴わない非開放性損傷に分けられる（表4-1）。

機械的損傷は、外力の作用機転と創傷の形状により、以下のように分類される。

1. 開放性損傷

(1) 切　創

手術創のように鋭利な刃物によってつくられた線状の創傷である。創面は平滑で、組織の挫滅はほとんど認められないが、血管が鋭利に切断されるため出血が多い。

(2) 刺　創

鋭利な物体による皮膚の貫通創であり、創口に比べ創が深いことが特徴である。外見からは内部損傷の程度を推し量ることが困難であるため、注意が必要である。

(3) 挫　創

打撃などの鈍的外力によって組織が挫滅した創傷であり、創面は粗雑である。

(4) 裂　創

打撃やねじれ、過伸展などにより皮膚が裂けた状態の創傷であり、創面は挫創と同様に粗雑であるが、挫創に比べ挫滅の程度は軽度である。外力の加わり方によってさまざまな形状を呈する。

(5) 咬　創

歯牙によって咬まれたり、咬みちぎられたりしてつくられる創傷であり、創面は刺創ほど滑らかではないが、創は深い。

(6) 擦過創

比較的鋭利な外力が皮膚と接線方向に働くときにつくられる創傷であり、創は浅い。体表に創を形成するが、擦過傷と呼ばれることが多い。

表4-1　創傷の分類

機械的	開放性	切　創
		刺　創
		挫　創
		裂　創
		咬　創
		擦過創など
	非開放性	挫　傷
非機械的	物理的	高温による損傷：熱傷
		低温による損傷：凍傷
		電流による損傷
		放射線による損傷など
	化学的	化学物質による損傷（強酸、強アルカリ）など

2. 非開放性損傷
(1) 挫　傷
　　打撃などの鈍的外力によって組織が挫滅した創傷であるが、体表に創が形成されないもの。皮下の軟部組織が圧迫を受け挫滅し、出血や浮腫が認められる。

　非機械的損傷は物理的損傷と化学的損傷に分けられ、物理的損傷には、高温による損傷である熱傷、低温による損傷である凍傷、電流による損傷、放射線による損傷などがある。化学的損傷には、強酸や強アルカリなどの化学物質による損傷などがある。

■ 病的な損傷

　さまざまな外的刺激や炎症刺激によって組織に生じる病的な損傷を示す用語について、以下に説明する。

1. 壊　死
　生物の体を構成する一部の細胞が死滅した状態であり、実質細胞とその支持細胞の死からなる。壊死の原因には、局所の循環障害（血流減少による細胞の死を梗塞という）、細菌やウィルスの感染、物理的破壊、化学物質への曝露による化学的損傷などが挙げられる。壊死組織は、肉眼的性状から凝固壊死と融解壊死（液化壊死）に大別される。

2. 壊　疽
　壊死組織が外界の影響や細菌の繁殖の影響を受けて二次的に変化した状態である。水分に富む壊死組織に嫌気性腐敗菌が侵入し繁殖した結果、二次的に腐敗したものを湿性壊疽、水分を失い乾燥したものを乾性壊疽、外傷による壊死組織にガス産生菌が感染し、壊死組織内でのガスの産生が著明なものをガス壊疽という。

3. びらん
　炎症や外的刺激に生じる上皮の欠損のうち、欠損が上皮表層に留まり、深部に至らない状態である。消化管などの粘膜では、上皮の欠損が粘膜筋板に留まるもの、皮膚では上皮の欠損が表皮に留まるものをびらんという。

4. 潰　瘍
　炎症や外的刺激に生じる上皮の欠損のうち、欠損が深部まで至っている状態である。消化管などの粘膜では、粘膜下あるいはそれより深部に至るもの、皮膚では真皮に至るものを潰瘍という。

5. 穿　孔
　管腔臓器に全層性の孔があいた状態である。穿孔の原因としては、潰瘍、腫瘍、炎症、異物、外傷などが挙げられる。外傷が原因の場合は、破裂と呼ぶ場合もある。

6. 穿　通
　消化管において孔があいた部位が隣接する組織、臓器によって被覆された状態である。穿孔とは区別される。

7. 瘻
　生理的あるいは解剖学的に正常では存在しない異常な管状の交通をいい、その管状構造物を瘻管という。瘻孔ともいう。瘻は先天性の臓器の発生異常で生じるほか、後天的には炎症または腫瘍の浸潤により臓器間に癒着が生じ、さらに穿孔して交通することによって生じる。

第4章　細胞や組織に生じる変化：進行性病変（増殖と修復）

4. 組織、細胞の修復と再生

　傷害を受けて変性および壊死に陥った細胞や組織は、複雑な機構により修復され、新たな細胞や組織に置き換わる。修復は実質細胞の再生、実質細胞と線維芽細胞などの支持細胞の遊走と増殖、細胞外基質（ECM）の誘導、ECMと実質細胞との再構成とコラーゲン形成による損傷部の強化の過程を経て進行していく。この項では、傷害に対する組織の修復メカニズムである再生、創傷治癒について説明し、生体にとっての異物を排除するシステムについて説明する。

■ 再　生

　再生（regeneration）とは、組織の一部に欠損が生じたとき、欠損部が元の細胞の増殖によって補われ、欠損前の組織に戻る現象をいう。生体を構成する大部分の細胞は常に一定の割合で死滅し、病的な状態でない限り、失われた細胞は元の細胞で絶えず置換される。このような再生現象を生理的再生あるいは完全再生という。欠損部が本来の細胞や組織によって置換されない場合、肉芽組織が形成され、やがて結合組織に置き換わる。欠損部位が結合組織のみで置換された状態を瘢痕という。

　細胞の再生能は、細胞の増殖能、つまり細胞分裂能と関連する。再生能力は種や組織によって異なる。系統発生的に下等な動物ほど再生能力は高く、高等動物になるほど低くなる。また、個体発生的には、幼若なものほど高く、加齢とともに再生能力は低くなる。組織発生的には未分化な細胞および組織ほど再生能力は高く、分化するにつれて低下する。また、不安定細胞は安定細胞より再生能力が高く、永久細胞は基本的に再生しない。

■ 再生の機序

1. 表皮および粘膜の再生

　表皮および粘膜上皮細胞は不安定細胞に属し、短い細胞周期で分化、成熟、死滅している。表皮や粘膜の最上層の細胞は、生理的に絶えず変性、脱落しており、基底部にある基底細胞が増殖、再生、分化して脱落細胞分を補っている。潰瘍形成など、病的に上皮細胞が欠損し、欠損が上皮のみならず深部まで及んでいる場合は、上皮細胞下の血管、結合組織からなる支持組織の存在が細胞の再生に重要な役割を果たしており、結合組織などによって欠損部が補充された後に上皮の再生が生じる。

2. 血管の再生

　血管の再生能力はきわめて高く、胎児期の臓器・器官形成をはじめ、すべての組織の形成および創傷過程で重要である。あらゆる組織の再生および新生において、結合組織とともに血管が新生ないし再生される。

3. 血液細胞の再生

　血液細胞の再生能力はきわめて高く、生理的、病的な血液の消費、血球の破壊が生じた場合、造血臓器である骨髄で速やかに血球が再生され、補われる。骨髄の機能が著しく低下した場合は、胎生期に造血を営んでいた肝臓、脾臓において造血が起こる。これを髄外造血という。

4. 末梢神経の再生

　末梢神経は中枢神経と異なり、再生能力が高い。シュワン細胞に被覆された末梢神経が切断されると、切断部から末梢の神経線維は変性に陥る（ワーラー変性）。この切断部は直接癒合すること

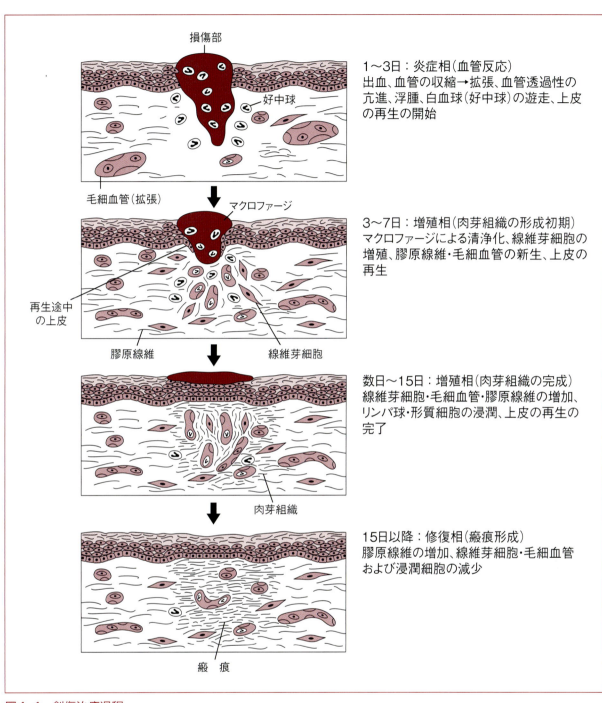

図4-4　創傷治癒過程
出典:「梅澤明弘:組織、細胞の修復と再生、シンプル病理学（笹野公伸、岡田保典、安井 弥 編）、改訂第6版、P.19、2010、南江堂」より許諾を得て改変し転載.

はなく、断端部の軸索が切断されたシュワン鞘内に侵入し、再生する。切断された神経の断端が遠いなどの理由で、再生軸索の末梢と終末装置の接合が完了しないと、切断部の断端が結節状に増殖し、断端神経腫を形成する場合がある。この場合、切断部より遠位側の神経線維は変性消失し、支配下の骨格筋の萎縮が生じる。

■ 創傷治癒

前述のようなさまざまな創傷が、生体反応によって治癒していく過程を創傷治癒という。創傷は一般的に皮膚や粘膜における損傷を指すが、そ

の過程は実質臓器における組織壊死後の修復機転と共通している。

皮膚や粘膜の創傷治癒の過程は、損傷当日から3日目くらいまで続く炎症相、受傷後4～15日くらいの期間で、肉芽組織が形成される増殖相、その後半月以上続く、肉芽組織が線維性組織に置き換わる修復相に大きく分けられる。それぞれのステージについて以下に説明する（図4-4）。

1. 創傷治癒の第一相：炎症相

炎症相は、受傷後ただちに起こる急性反応期であり、受傷からおよそ3日まで続く（後述の第6章「炎症」を参照）。損傷を受けると、まず損傷した血管から出血が起こり、それと同時に損傷血管の収縮が起こる。損傷血管は収縮後拡張し、血管透過性が亢進する。この血管透過性の亢進により、血漿の漏出が起こり、損傷部位に水腫を生じる。損傷部位では、出血に対して、破綻や血管透過性の亢進した毛細血管から漏出した血小板やフィブリンによる止血機構が働いて凝血塊が形成され、同時に血管新生因子の働きによって、毛細血管が新生される。皮膚の創縁では、凝血塊が痂皮を形成する。血管の拡張や血管透過性の亢進にはさまざまな化学伝達物質（ケミカルメディエーター）が関与している。

血管透過性の亢進は、白血球の遊走を引き起こし、好中球やマクロファージなどの炎症性細胞が損傷部に浸潤する。損傷部に浸潤した細胞は、細菌などの微生物、異物、死滅組織を貪食して創部を浄化する。

これらの炎症反応と平行して、皮膚の創縁では表皮の再生（上皮化）がはじまる。創縁の上皮細胞は増殖し、創床表面に遊走しはじめる。

2. 創傷治癒の第二相：増殖相（肉芽組織相）

炎症相に次ぐ、受傷から4～15日までの間を増殖相といい、創床部では肉芽組織の形成が起こり、創床表面では表皮の再生が完成する。炎症相の炎症性細胞の主体は好中球であるが、増殖相では、好中球は徐々に減少し、マクロファージやリンパ球が炎症性細胞の主体となる。

創床部では、マクロファージなどの炎症性細胞や血管内皮から分泌される因子（PDGF、TGF-βなど）の働きによる線維芽細胞、血管内皮細胞の遊走、増殖が認められる。創床部に遊走してきた線維芽細胞や血管内皮細胞は、フィブリンなどを足場にして増殖、遊走し、線維芽細胞は膠原線維などの細胞外マトリックスを産生し、血管内皮細胞は新たな毛細血管を形成する。また、筋線維芽細胞も形成される。この線維芽細胞や筋線維芽細胞の増殖、膠原線維の蓄積、新生した毛細血管からなる組織を肉芽組織といい、肉眼的には鮮紅色で不規則な顆粒状の肉様組織にみえる。

肉芽組織には良性の肉芽組織と悪性の肉芽組織が存在し、どちらの肉芽組織が形成されるかによって治癒過程が異なる。良性の肉芽組織は新生血管が豊富で血流が多く、肉眼的には鮮紅色にみえる。また、非感染性で十分な線維芽細胞の増殖および膠原線維の蓄積により創面は顆粒状にみえる。良性の肉芽組織が形成されると、速やかに修復相に移行し治癒する。悪性の肉芽組織は血管新生が悪いため血流が乏しく、肉眼的には灰白色あるいは混濁してみえる。炎症性細胞が多く、線維芽細胞に乏しいため、創面の顆粒状の隆起も乏しく、出血しやすいうえに組織液も多い。悪性の肉芽組織は、感染がコントロールできていない場合や、吸収の悪い異物や壊死組織が存在する場合に形成されやすい。

悪性の肉芽組織は線維化の傾向に乏しいため、治癒は遅延する。

3. 創傷治癒の第三相：修復相（再形成相）

増殖相で形成された肉芽組織が徐々に消退し、瘢痕組織に置き換わる、または元の組織に置き換わるまでの期間を修復相といい、創が閉鎖し、肉眼的には治癒した後に起こる変化である。受傷後

半月から1ヵ月以上を要するが、修復相の期間は傷害の程度によって異なる。肉芽組織を構成する細胞成分が消退し、少数の線維細胞と膠原線維のみとなった状態を瘢痕組織といい、その過程を瘢痕化という。

創傷部の管理が十分にされている手術創のように、組織の欠損が軽度であり、わずかな肉芽組織の形成によって速やかに治癒する場合を第一次治癒という。一方、組織の欠損が重度の場合や細菌感染がひどく、創に壊死組織が存在する場合は、多量の肉芽組織が形成され治癒する。このような創傷治癒過程を第二次治癒という。

■ 骨折の治癒

骨折の治癒過程は、皮膚や消化管の治癒過程と一部異なる部分が存在するため、ここでは骨折の治癒過程について説明する。

骨折が起こると骨折部位で出血が生じ、血腫が形成される。同時に骨折の断端部は変性・壊死する。次いで、血腫内に線維芽細胞やマクロファージが侵入し、創傷治癒と同じメカニズムによって肉芽組織が形成される。骨折部の骨膜内層や骨髄腔から骨原性細胞が増殖し、この骨原性細胞が骨を形成する骨芽細胞や、軟骨を形成する軟骨芽細胞となり、類骨を形成する。その後、類骨にカルシウムが沈着し、骨性仮骨や軟骨性仮骨を形成して肉芽組織と置き換わる。仮骨が形成されると、組織中に破骨細胞が遊走し、破骨細胞によって過剰な骨は吸収され、骨梁が形成される。同時に骨芽細胞による骨形成も進行し、骨折は次第に治癒していく。これを仮骨の改構またはリモデリングという。このリモデリングの時期にハバース管が形成され、血管や神経細胞が伸長し骨組織として完成する。

■ 異物の処理

生物には体外から侵入してきた異物、あるいは体内で生じた物質に対し、何らかの方法で処理または排除して無害化する働きがあり、この働きを異物処理という。異物処理の方法は、異物の大きさや性質によって異なる。ここでは、異物およびその異物の処理方法について説明する。

1. 異物

異物とは、本来体内もしくは組織内に存在しない物質を指す。体外から体内に侵入する異物には、炭粉、ガラス片、木片、草の種、砂や石、寄生虫や寄生虫卵などがあり、手術時に使用する縫合糸なども異物として認識される場合がある。血栓、血液凝固塊、炎症産物、壊死組織など体内で病的に産生されたものも異物として認識される。

2. 異物処理

異物が生体内に侵入あるいは生体内で産生されると、その異物を排除しようとする働きが起こる。これらの働きを異物処理という。異物に対する生体反応は異物の大きさ、種類によって異なる。以下に異物処理の過程について説明する。

(1) 貪食と吸収

異物が微小な場合、例えば細菌などでは白血球によって摂取され消化されて消失する。生体および外来色素、結核菌などは組織球に由来するマクロファージによって処理される。異物が大きく、マクロファージで処理できない場合は、異物巨細胞によって処理される。異物がさらに大きい場合は、その周囲に血管結合組織が増殖し、肉芽組織が形成される。処理する対象が吸収されやすい場合は、肉芽組織が増殖し、好中球やマクロファージ、異物巨細胞が処理対象内にまで侵入し、融解、消化、吸収する。

(2) 被包化

処理する対象が不溶解性、あるいは大型で吸収が困難な場合には、肉芽組織は瘢痕化して膠原線維からなる厚い被膜を形成し、周りの正常組織から隔離される。この現象を被包化といい、

手術時に使用する縫合糸、寄生虫卵などに対して認められることが多い。

(3) 器質化

　生体外から体内に侵入した異物や、体内で形成され病的に産生された異物に対して、肉芽組織を形成してこれを処理し、結合組織で置き換える生体反応を器質化という。一般的に、まず異物の周囲に充血が起こり、好中球を主体とする細胞浸潤および漿液の滲出が起こる。次いで線維芽細胞の集簇と毛細血管の伸張、増殖が進行し、肉芽組織が形成される。好中球やマクロファージ、異物巨細胞が異物を融解しつつ異物内部に侵入し、異物を融解、消化、吸収する。異物が完全に吸収され肉芽組織に置換されると、肉芽組織は線維性結合組織に置換され、最終的に瘢痕を形成し治癒する。器質化は、体内に侵入した異物、血栓、膿瘍、壊死組織、炎症性滲出物などに対して行われる。

参考図書

日本獣医病理学会 編（2013）：動物病理学総論 第3版、文永堂出版、東京.
板倉智敏，後藤直彰 編（1997）：動物病理学総論、文永堂出版、東京.
笹野公伸，岡田保典，安井弥 編（2010）：シンプル病理学 第6版、南江堂、東京.
菊池浩吉，吉木敬 編（1994）：新病理学総論 第15版、南山堂、東京.
Thomas Carlyle Jones, Ronald Duncan Hunt, Norval William King（1997）：Veterinary pathology, 6thed. Lippincott Williams & Wilkins, USA.
M. Grant Maxie（2007）：Jubb, Kennedy & Palmer's Pathology of Domestic Animals, 5thed. Elsevier Sanders, USA.

第4章 細胞や組織に生じる変化：進行性病変（増殖と修復）
演習問題

問1 細胞、組織の適応反応のうち、細胞成分の容積を増大させることによって生じる変化を1つ選べ。

① 過形成
② 肥大
③ 萎縮
④ 化生
⑤ 低形成

問2 細胞周期のうち、DNA が複製されるステージを1つ選べ。

① G_0 期
② S 期
③ G_2 期
④ M 期
⑤ G_1 期

問3 機械的損傷のうち、打撃などの鈍的外力によって組織が挫滅した創傷であるが、体表に創が形成されない損傷を1つ選べ。

① 擦過創
② 挫創
③ 潰瘍
④ 裂創
⑤ 挫傷

動物病理学

解 答

問1　正解 ② 肥大

　　細胞や組織が傷害因子により刺激を受けた場合、細胞はその形態や構造を変化させて安定状態に至る。その反応を適応反応といい、その変化には萎縮、化生、過形成、肥大などがある。萎縮とは、正常な大きさに発育した臓器や組織の容積が、後天的なさまざまな原因により減少した状態のことで、化生とは、分化成熟した組織や細胞が、その潜有能の範囲内で異なる形態や機能をもつほかの細胞に変化する現象を指す。また、臓器がその固有の形や構造を保ちながら正常以上の大きさになる場合に、その変化が細胞数の増加によって生じるものを過形成といい、組織を構成する個々の細胞成分の容積の増大によって生じるものを肥大という。萎縮とは異なり、発育障害などのために臓器や組織が正常の大きさまで達しないものを、低形成または形成不全という。

問2　正解 ② S期

　　細胞は細胞分裂をすることにより増殖する。その細胞分裂は、細胞周期によって制御されている。細胞周期は、G_1期、S期、G_2期、M期の四つのステージに分類される。S期（合成期）はDNAを複製するステージであり、M期（分裂期）は核分裂とそれに続く細胞質分裂が行われるステージである。細胞周期のうち、核分裂と核分裂の間を間期といい、間期のうち、M期とS期の間をG_1期、S期とM期の間をG_2期という。また、M期を経た細胞の中には、再び細胞周期に入らず静止状態になるものも多い。この細胞が分裂しない時期をG_0期（静止期）という。

問3　正解 ⑤ 挫傷

　　損傷は機械的損傷と非機械的損傷に大別され、さらに機械的損傷は、皮膚の離断を伴う開放性損傷と、伴わない非開放性損傷に分けられる。擦過創、挫創、裂創は皮膚の離断を伴う開放性損傷に分類される。擦過傷は比較的鋭利な外力が皮膚と接線方向に働くときにつくられる創傷であり、挫創は打撃などの鈍的外力によって組織が挫滅した創傷のうち、皮膚の離断を伴う創傷を指す。裂傷は打撃やねじれ、過伸展などにより皮膚が裂けた状態の創傷である。一方、挫傷は非開放性損傷であり、挫創と同様に打撃などの鈍的外力によって組織が挫滅した創傷であるが、皮膚の離断を伴わない創傷を指す。潰瘍は炎症や外的刺激に生じる上皮の欠損のうち、欠損が深部まで至っている状態を指す。

第5章
循環障害

一般目標

循環障害の原因と病態を理解する。

到達目標

1）充血とうっ血の違いを理解し、うっ血の原因による発生場所の違いを説明できる。
2）出血の種類と止血の機構を理解し、出血の原因と病態を説明できる。
3）血栓の種類と形成、転帰を説明できる。
4）播種性血管内凝固（DIC）の病態と診断基準について説明できる。
5）塞栓の種類、塞栓症の原因と病態について説明できる。
6）虚血と梗塞の病態を理解し、梗塞の種類をあげて説明できる。
7）浮腫が起こる機序について説明できる。
8）ショックの原因と病態について説明できる。

キーワード

充血、生理的充血、炎症性充血、うっ血、チアノーゼ、出血、破綻性出血、漏出性出血、血液凝固系、線溶解系、止血、血栓、血栓症、血栓の形成条件、融解、器質化、再疎通、播種性血管内凝固（DIC）、塞栓症、塞栓の種類、虚血、梗塞、貧血性梗塞、出血性梗塞、浮腫、浮腫の成因と種類、脱水症、ショック

　生体が正常な状態と機能を維持するためには、血液やリンパの循環が正常に保たれていることが必要である。正常な血液の循環により、身体各部の組織や細胞に酸素や栄養源が供給され、炭酸ガスや臓器や組織から生じた代謝産物、その他の老廃物が除去される。
　循環障害は血液循環障害と組織液（リンパ液）の循環障害に分けられる。

1. 血液の循環障害

　血液循環は、左心室から送り出された血液が全身をまわり右心房にもどる体（大）循環と、右心室から肺を通って左心房に戻る肺（小）循環に大別される。これにより血液が全身の臓器に供給されている。

　一方、細胞レベルの物質交換は細動脈、毛細血管、細静脈、リンパ管などの微小な脈管系で行われており、微小循環と呼ばれる。微小循環は血液

と細胞の間で組織液を介して酸素および二酸化炭素、栄養分や電解質、代謝産物の交換を行う直接の場であり、生命維持に極めて重要である。

■ 血液分布の異常

1. 充　血

充血（hyperemia）とは細動脈や毛細血管の拡張により、局所に流入する動脈血量が増加した状態をいう。

動脈血量の増加により、局所は鮮紅色を呈し（発赤）、温度の上昇、膨隆をみる。充血は炎症性充血を除いては一過性で可逆性であり、原因が除去されれば消退する。

(1) 充血の原因による分類

① 機能的（生理的）充血

　臓器組織の機能が生理的に亢進するときに現れる。筋肉の運動、消化時の消化管、妊娠時の子宮などに現れる。

② 筋性または筋麻痺性充血

　血管平滑筋が弛緩して起こる充血である。皮膚の機械的刺激、日光、紫外線、X線、温熱、寒冷などによる紅斑がその例である。

③ 血管運動神経性充血

　血管収縮神経の麻痺による神経麻痺性充血と血管拡張神経の興奮による神経緊張性充血がある。動物ではみられないが、激しい怒りによる顔面の紅潮は後者の例である。

④ 代償性充血

　肺や腎臓のように対をなす臓器の一方に血液が停止あるいは減少したとき、対側の臓器に過剰の血液が流入して充血が起こる、またはある部位の血液の流入が停止するか減少した場合、その周囲の組織が充血する。

⑤ 炎症性充血

　炎症の初期に現れる充血で、損傷組織に放出されるヒスタミンなどの生理活性物質が血管平滑筋や血管運動神経に作用して起こる。

2. うっ血

うっ血（congestion）とは静脈血の還流が妨げられ、静脈および毛細血管が拡張し、静脈血量が増加した状態をいう。うっ血は局所または全身性に現れ、うっ滞した静脈血は二酸化炭素ヘモグロビンが多いため、局所は暗赤色を呈する。皮膚や粘膜では紫色調となり、これをチアノーゼ（cyanosis）と呼ぶ。通常、うっ血は慢性かつ持続的である。

(1) うっ血の原因による分類

① 局所性うっ血

　静脈の狭窄および閉塞による。例えば、血栓、塞栓、静脈内膜炎による内腔の狭窄、腫瘍による圧迫や腫瘍の浸潤による内腔の閉塞、腹水、ヘルニア、妊娠子宮などによる血管外からの圧迫によって生じる。

② 全身性うっ血

　慢性の心弁膜疾患、心嚢炎、心嚢水腫、心筋疾患などによって起こる。血液駆出量の減少、三尖弁や肺動脈弁の障害による右心不全では全身性のうっ血が生じ、僧帽弁や大動脈弁の障害による左心不全では、肺にうっ血が生じる。

③ 血流補助器官の障害

　静脈の弾力性、静脈弁、横隔膜などの呼吸筋は静脈血の還流に補助的役割をしているので、この障害はうっ血の原因となる。

(2) うっ血の経過と形態

① うっ血水腫

　うっ血の初期では、局所は毛細血管拡張と静脈血貯留のため紫藍色を呈し腫脹する。ついで局所血管における静脈圧の上昇と酸素欠乏による血管透過性亢進のため、毛細血管から血液液体成分が漏出し水腫を生じる。これをうっ血水腫と呼ぶ。低酸素状態が続く場合、変化が著しくなり赤血球も漏出する。

② うっ血硬化

　うっ血が持続すると、局所の実質細胞は

酸素欠乏のため変性・萎縮し、ときに壊死に陥る。このため拡張した血管周囲には結合組織が増生し、局所は硬化する。これをうっ血性硬化と呼び、水腫性硬化ともいう。

③ 褐色硬化

また、血管外に漏出した赤血球が破壊してマクロファージに貪食され、細胞内でヘモジデリンに変わり、これが局所に沈着し、結合組織の増生が加わって組織が褐色を呈して硬くなる。これを褐色硬化という。

④ 慢性うっ血

肺の慢性うっ血では、肺胞や肺胞壁にヘモジデリンを貪食したマクロファージが出現する。この慢性うっ血は心臓疾患の場合にみられることが多く、このヘモジデリンを貪食したマクロファージを心臓病細胞（heart failure cell）という。

肝臓の慢性うっ血では、肝小葉中心部のうっ血により類洞が拡張し、肝細胞が萎縮し、さらに小葉辺縁部に広がる肝細胞の脂肪化が起こる。この慢性うっ血でみられる肉眼像を、にくずく肝（nutmeg liver）という。さらにうっ血が続くと中心静脈の周囲から結合組織が増生し、肝線維症となり、臓器は硬くなる。

⑤ 門脈のうっ血

静脈はもともと吻合枝がよく形成されており、うっ血が起きた静脈の部位により、吻合枝を利用した異常な経路を通って血液が流れることを静脈性傍側循環（側副路）という。その代表例として、肝硬変では門脈にうっ血が起こり、門脈血は肝臓を迂回して側副路に流れ、食道静脈瘤、傍臍静脈・腹壁静脈の怒張、直腸静脈瘤が形成される。

3. 虚 血

虚血（ischemia）とは動脈からの血液流入量が減少した状態を虚血（局所性貧血）という。これに対して全身の貧血（anemia）は、単位容積の血液中に含まれる血色素量が正常値以下に減少した状態を指す。

(1) 虚血の原因による分類

① 閉塞性虚血

血栓など各種の塞栓による動脈内腔の閉塞や、動脈硬化症や動脈炎など内膜肥厚による狭窄や閉塞によって起こる。例として、閉塞性血栓性血管炎（バージャー病）、結節性動脈周囲炎がある。

② 圧迫性虚血

動脈壁外から働く圧迫により、動脈が狭窄あるいは閉塞するもので、腫瘍による圧迫、結紮による閉塞、捻転による狭窄などがある。

③ 痙攣性虚血（神経性虚血）

血管攣縮により、動脈腔が狭窄・閉塞することによって起こる。例として、レイノー病がある。

④ 代償性虚血

生体の一部に急激な血管の拡張が起こり、拡張した部分に大量の血液の流入が起こると、ほかの臓器組織へ流入する血量が減少する。大量の腹水や胸水の急激な排除では、脳虚血を起こす。

(2) 虚血の徴候と結果

局所では血流不足のため温度低下と蒼白化が起こり、酸素や栄養の欠乏の結果、細胞の萎縮や変性を来たし、持続すると壊死に至る。血管の完全閉塞では支配下組織が壊死し、梗塞を起こす。

4. 出 血

出血（hemorrhage）とは血液の全成分が血管外に出ることをいい、赤血球が血管外に出ることを指標とする。白血球や血漿成分が血管外に出ても出血とはいわない。しかし、通常では赤血球が血管外に出ることはなく、赤血球が血管外に出ている場合は、他のすべての血液成分が血管外に出て

表5-1　出血の種類

血管の種類：	動脈性出血、静脈性出血、毛細血管性出血
出血の部位：	外出血、内出血、鼻出血、喀血、吐血、下血、血尿、子宮出血、血胸
出血の形状：	点状出血、斑状出血、血腫、紫斑

いることを意味する。

(1) 出血の原因による分類

① 破綻性出血

　血管壁の破綻による出血のことをいう。例えば、外傷、動脈硬化、動脈炎、動脈瘤などで壁の破綻が生じる。

② 漏出性出血

　血管壁の破綻はなく、毛細血管や細静脈の内皮の傷害によって内皮の接合部より漏れ出る出血である。高度のうっ血による低酸素状態の持続、ビタミンC欠乏、細菌の毒素、または血小板減少、凝固因子の生成障害（肝機能不全、ビタミンK欠乏）や欠損（血友病）などの血液凝固異常によって生じる。

(2) 出血の種類（表5-1）

　血管の種類によって動脈性出血、静脈性出血、毛細血管性出血に区別される。

　出血部位によって血液が体外に流れでるものを外出血、体腔内または組織内へ出るものを内出血、鼻腔からの出血を鼻出血、呼吸器系の出血が喀出されたものを喀血、食道や胃からの出血を嘔吐した場合は吐血、消化器の出血が便とともに排出されるものを下血またはメレナ（melena）、尿に血液が混じるものを血尿、子宮からの出血を子宮出血、胸膜腔内に出血したものを血胸という。

　出血の形状や大きさによって1〜2mmの小出血を点状出血、2〜3cmの大きな斑状の出血巣を斑状出血、出血した血液が一定場所に腫瘤状に溜まったものを血腫、皮下に点状ないし斑状出血が多発した場合を紫斑という。

(3) 出血の影響

① 全身的影響

　出血の速度や出血量により影響が異なる。急激な大量の出血（全血の1/3）が起これば血圧は急激に低下し、ショック状態（出血性ショック）に陥り死亡する。持続的な少量の出血では鉄欠乏性貧血を来たす。

② 局所的影響

　出血局所では組織が破壊される。脳出血の場合では、生命に重要な臓器であるために、出血量が少なくても致命的となることがしばしばである。心嚢出血では急性心不全を、気管や気管支、尿路などの出血では凝血塊により、管腔の閉塞や通過障害を起こす。小さな出血巣は完全に吸収されるが、ある程度以上の出血巣は瘢痕化される。この時、組織内へ出た赤血球は壊れ、鉄含有性のヘモジデリンや鉄を含まないヘマトイジンとなり遊離する、あるいはマクロファージに貪食されて組織に沈着するため、局所は褐色を呈する。大きな出血巣は完全には瘢痕化されずに被包化される。脳では、出血が起こると脳組織は比較的速やかに軟化あるいは液化に陥る。したがって、出血巣全体が器質化される前に中心部は液化し、嚢胞を形成する。これを軟化嚢胞と呼ぶ。

(4) 出血性素因

　ちょっとした外傷などによって出血し、その出血が容易に止まらず、漏出性出血を来たす状態をいう。原因の大部分は漏出性出血の場合と同じである。

■ 血液凝固系と線溶系

　正常な血液は、血管内では凝固することなく液状に保ちながら血管内を流れているが、血管壁が損傷を受けると血液の損失を最小限にするため、さまざまな血液凝固因子が作用して血液を凝固させ、血液の血管外流出を阻止する機構を備えている。これが血液凝固系である。一方、血液には流

動性を保ち、凝固を防止し、凝固した血液を溶解させる機構がある。これは線溶系（線維素溶解系）と呼ばれ、プラスミンを形成して凝固血液の主成分である線維素（フィブリン：fibrin）を溶解する機構である。正常の血液循環は、血液凝固系と線溶系が一定のバランスを保つことにより成り立っている。

1. 血液凝固系

血液は血管が傷害されると血液凝固因子が作用して血液を凝固させ、血液の血管外への流出を阻止する。その過程は可溶性のフィブリノゲンから不溶性の線維性タンパクであるフィブリンが形成されることである。この血液凝固に直接関与する因子を血液凝固因子といい、血液凝固に関与する凝固因子を表5-2に示す。多くの凝固因子は肝細胞で作られるがⅡ、Ⅶ、Ⅸ、Ⅹ因子は肝細胞での合成にビタミンKを必要とする（ビタミンK依存性因子）。Ⅲ因子以外はすべて血漿中に酵素活性のない状態で存在している。

(1) 血液凝固系のカスケード

血液凝固は凝固因子の連鎖反応によって起こり、通常、この反応の始動は内因系と外因系に分けられる（図5-1）。

① 内因系

傷害を受けた血管壁の膠原線維や血管内異物との接触により第Ⅻ因子が活性化され（活性型にはⅫaのように、activatedのaをつける）、凝固反応が開始される。関与する因子がすべて血漿中に存在する。

② 外因系

破壊された組織から放出される組織トロンボプラスチン（第Ⅲ因子）が第Ⅶ因子を活性化することで反応が開始される。すなわち血

表5-2：血液凝固因子

凝固因子	主な同義語	合成部位	性質・機能
Ⅰ	フィブリノゲン	肝細胞	フィブリンの前駆体
Ⅱ	プロトロンビン	肝細胞*	トロンビンの前駆体
Ⅲ	組織因子、組織トロンボプラスチン	各種組織	外因系凝固活性化の開始因子
Ⅳ	Ca^{2+}		種々の中間反応に必要
Ⅴ	プロアクセレリン、不安定因子	肝細胞	Ⅱ因子の活性化に必要
Ⅶ	プロコンベルチン、安定因子	肝細胞*	Ⅲ因子存在下でⅩ因子活性化、βグロブリン
Ⅷ	抗血友病因子（AFH）	肝細胞	Ⅹ因子の活性化
Ⅸ	Christmas因子、血漿トロンボプラスチン成分（PTC）	肝細胞*	ⅩⅢ因子の活性化
Ⅹ	Stuart-Prower因子	肝細胞*	活性化して、プロトロンビンをトロンビンに転化
Ⅺ	血漿トロンボプラスチン前駆物質（PTA）	肝細胞	Ⅸ因子の活性化
Ⅻ	Hageman因子、接触因子	肝細胞	内因系の始動、Ⅺ因子の活性化
ⅩⅢ	フィブリン安定化因子（FSF）	肝細胞	フィブリン重合の触媒作用
vWf	von Willebrand因子	血管内皮、巨核球	傷害血管内に接着、血小板を結合する

*ビタミンK依存性

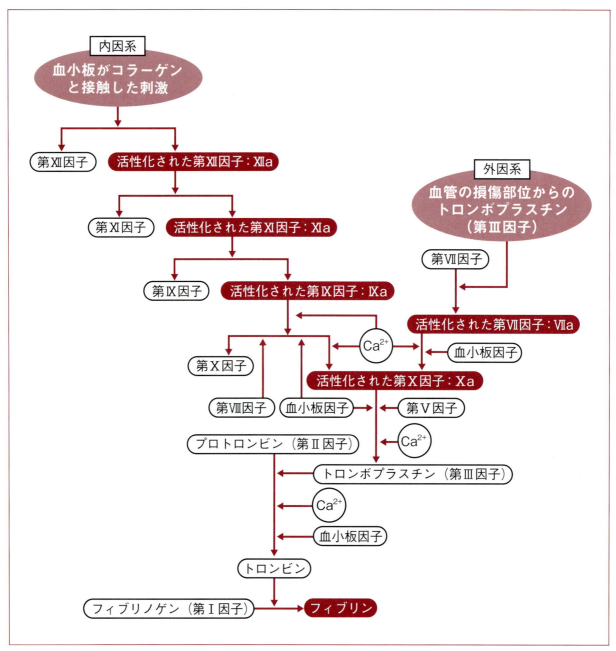

図5-1　血液凝固系のカスケード

管外因子が関与する。両者は途中で合流し、トロンビンが生成される。トロンビンは血小板を活性化するとともに、血漿中のフィブリノゲンを不溶性のフィブリンに転換する。

2. 線溶系（線維素溶解系）

線溶系は凝固した血液を溶解する現象で、強力なフィブリン溶解能を持つプラスミンを産生して、形成されたフィブリンを溶解する反応である（図5-2）。血漿中のプラスミノーゲンにプラスミノーゲンアクチベータ（PA）が作用し、プラスミノーゲンからプラスミンが形成される。プラスミンはフィブリンとフィブリノゲンを分解してフィブリン分解産物（FDP）とフィブリノゲン分解産物（FgDP）を生じる。フィブリンに結合したプラスミノーゲンの活性化は、血管内皮で合成される組織PAにより起こる。

線溶を抑制する因子がプラスミノーゲンアクチ

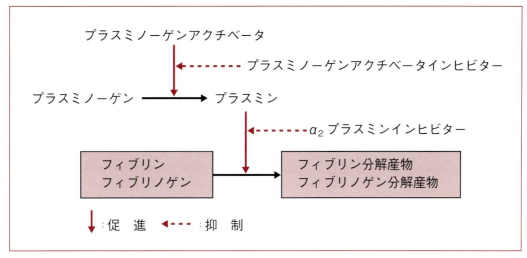
図5-2 線溶系のカスケード

ベータインヒビター（PAI）と α_2 プラスミンインヒビター（α_2PI）で、PAI は組織 PA のフィブリンへの結合を抑制し、α_2PI はフィブリン上で生成されるプラスミンを不活化する。

■ 止血機構

正常な動物では血管の損傷が起こると血液の損出を防ぐための機構が働く。この機構を止血という。

1. 血管壁の収縮

血管の破綻では神経反射や血管内皮細胞由来のエンドセリンにより、血管平滑筋が収縮し、一時的に血流が減少して血液の喪失を防ぐ。エンドセリンは持続的な平滑筋収縮活性を有し、アンギオテンシン II、エピネフリン、トロンビン、IL-1 などで誘導される。静脈は平滑筋層が薄く収縮が弱いので、大きな静脈の破綻では大出血になりやすい。

2. 血小板の凝集と活性物質の放出

血小板は止血および血栓形成過程で中心的役割を担う。

血小板が血管内皮の剥離した損傷部で内皮下のコラーゲンに von Willebrand 因子を介して粘着し活性化される。活性化した血小板からフィブリノーゲン、ADP、セロトニン、Ca^{2+} などが放出され、血小板の凝集、血管収縮、内因系の活性化が起こる。ADP で活性化された血小板の膜表面に糖タンパク（GP）IIb-IIIa の増加と構造変化が起こり、フィブリノーゲンが結合しやすくなり、血小板凝集が成立する（図5-3）。

■ 血液凝固

血小板の凝集と同時に、外因系、内因系の活性化により血液凝固が起こる。

■ 血管の閉塞に関する病変

1. 血栓症

生体において、血管内を流れる血液が凝固して生じた血液塊を血栓（thrombus）といい、血栓が形成される病的状態を血栓症（thrombosis）という。

(1) 血栓の種類
① 白色血栓（分離血栓）

血小板とフィブリンが主成分の血栓で、凝集した血小板、フィブリン、白血球が分離した層を形成する。血流の速い動脈の内膜の損傷部位で発生しやすい。

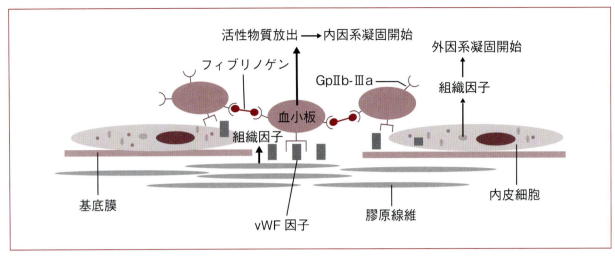

図5-3 血小板の接着と凝集

② 赤色血栓（凝固血栓）

　赤血球とフィブリンが主成分で、通常の凝血と同様に肉眼的に赤く見える。血流の緩やかな静脈系で発生する。

③ 混合血栓

　白色部と赤色部が交互に層状をなし、白色血栓と赤色血栓が混在しているものをいう。

④ フィブリン血栓（硝子血栓）

　主としてフィブリンからなる血栓で、毛細血管、細動脈に形成される。播種性血管内凝固（DIC）が典型例で、腎臓、肝臓、肺や脳など、全身の毛細血管や細動脈に多数形成される。

(2) 血栓の形成条件

　血栓形成の誘因は血管内皮の障害、血流の変化、血液性状の変化の3因子（ウイルヒョウの三徴：Virchow's triad）が重要である。血管内皮の障害のみでも血栓形成が起こるが、他の2因子がそろえば内皮障害がなくても血栓は形成される。

① 血流速度の低下

　血流が緩慢あるいは静止する場では、血栓ができやすい。

・うっ血血栓：長期臥床で下肢にうっ血が起こる。

・拡張血栓：動脈瘤、静脈瘤での血管の拡張により、血流の渦と静止部ができる。

・圧迫血栓：血管の周囲圧迫による。

・消耗性血栓：心機能の低下による。

② 血管内皮の障害

　外傷、血管炎、動脈硬化などによる。

③ 血液性状の変化

　血液凝固の亢進、線溶系・抗血栓制御因子の減少、手術や分娩後の出血による血小板増加、脱水時の粘稠度の上昇などが誘因となる。

(3) 血栓の運命

① 血栓の成長

　血管内で血栓が成長する場合、血栓の最も上流である頭部では、白色血栓が時間をかけてゆっくり作られ、頸部では混合血栓、下流の尾部は短時間で作られる赤色血栓となる（図5-4）。

② 血栓融解・軟化

　血栓はプラスミンにより融解縮小する。また血栓中の死滅した白血球や血小板由来の蛋白分解酵素が作用して、血栓は溶解する。この融解が無菌的な場合を膿様軟化、血栓中に化膿菌が繁殖し化膿して軟化することを化膿性軟化という。この軟化によって生じる化膿菌を含む血栓の溶解産物が血流にのって感染巣が広がることを膿血症という。

図5-4　血栓の形成

③ 器質化（organization）

血栓が1〜2週間経過すると付着部の血管壁から毛細血管、結合織が侵入し肉芽組織が形成し、血栓を置き換える。血栓の表面は増殖した内皮細胞でおおわれ、一方、時間の経過とともに瘢痕収縮する。

④ 再疎通

大きな血栓では器質化の際に新生した毛細血管が互いに連絡し、血栓の両側の血管が毛細血管を介して連続し、既存の血管腔と交通する。こうして、この血管を通って血流が流れる。これを血栓の再疎通という。

(4) 血栓の塞栓症

軟化した血栓の一部が血管壁からはがれて血流にのって、末梢の臓器に塞栓症や梗塞をしばしば引き起こす。

(5) 播種性血管内凝固

（disseminated intravascular coagulation：DIC）
ある種の疾患（感染症、悪性腫瘍、分娩など）に合併して血管内凝固性が亢進し、全身の微小血管内に多数の小血栓を形成し、血小板、凝固因子の消費が亢進し、一方で線溶亢進が起こるため出血性素因を来たす。

臨床検査所見では血小板の減少、フィブリノーゲンなど血液凝固因子の減少、フィブリン分解産物（FDP）の上昇、プラスミン活性の上昇がみられる。

2. 塞栓症

塞栓症（embolism）とは血管内で形成された、または外から血管内に入ってきた物質が血流によって運ばれ、血管腔を閉塞することをいい、閉塞するものを塞栓（embolus）という。

(1) 塞栓の経路（図5-5）

① 静脈性塞栓

静脈にできた塞栓は、その流れにしたがって、右心房、右心室を経て肺動脈によって肺に至り、その末梢部である肺動脈枝または肺毛細血管を閉塞し、ここに塞栓症を起こす。末梢静脈では血栓ができやすく、また塞栓の原因で最も多いのは血栓であり、この型の塞栓症が多い。

② 動脈性塞栓

動脈系、例えば左房、左心あるいは大動脈内に発生した塞栓は、大循環系の動脈を介して各臓器の動脈や毛細血管に塞栓症を起こす。脳、心臓、腎臓、脾臓などの動脈には塞栓症が比較的多くみられる。

③ 交叉性塞栓

　静脈系に発生した塞栓が大循環の動脈系に塞栓症を起こす。これは先天性の心疾患で心室中隔欠損がある場合、塞栓が静脈系から欠損部を通過して動脈系に入ることによる。

④ 逆行性塞栓

　血流が弱く壁の薄い静脈で圧の変化があると、塞栓が血流の逆流とともに逆行し、静脈の上流で塞栓症を起こす。

(2) 塞栓の種類

① 血栓塞栓症

　塞栓のうち、最も多くみられるのは剥離または分断した血栓である。動脈性塞栓は左心の壁在性血栓、僧房弁または大動脈弁にできた血栓が塞栓となり、脾臓、腎臓、脳、下肢などに塞栓症を起こす。猫の心筋症では、左心房にできた血栓が外腸骨動脈分岐部にまたがってみられる騎乗塞栓を生じ、急性の後躯麻痺の原因となる。血栓は静脈にできることが多く、その部位は下肢や骨盤腔内の静脈で起こりやすい。静脈性塞栓では、肺塞栓症を生じる。

② 脂肪塞栓症

　骨折や手術などで皮下や骨髄が破壊されると、脂肪細胞が静脈に流れ、肺塞栓症を起こす。

③ 寄生虫塞栓症

　動脈、静脈、リンパ管に寄生する成虫、幼虫、虫卵が塞栓となる。犬糸状虫の肺動脈塞栓症、日本住血吸虫卵の門脈塞栓症、犬肺虫は肺内リンパ管塞栓症を起こす。

④ 細菌塞栓症

　細菌感染巣から粗大な菌塊が塞栓を生じる。

⑤ 細胞、組織片による塞栓症

　腫瘍細胞や骨髄片が塞栓となることがある。腫瘍細胞による塞栓症は腫瘍細胞塊が原発巣から静脈やリンパ管を侵襲し、静脈やリンパの流れにのって肺や肝臓などの脈管につまり、転移巣形成に重要である。骨髄片による塞栓症は外傷、骨折により静脈内に細胞や組織片が入り塞栓症を起こす。

⑥ 空気塞栓症

　胸郭や頸部の手術で太い静脈を切った際に、陰圧によって空気が血管内に吸い込まれ気泡となった空気が塞栓症を起こす。

(3) 塞栓の転帰

　塞栓症の転帰は塞栓の種類、大きさ、数、閉塞された血管の種類や部位、血管閉塞の程度により異なる。塞栓が血栓など無菌的異物であれば、血管閉塞の程度、循環の様式に応じた下流の循環障害を生じ、局所の変性から乏血性壊死に至る変化

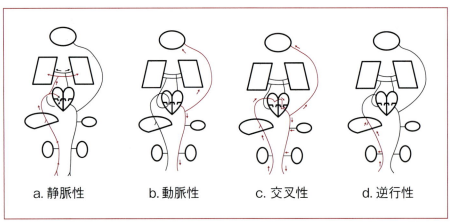

図5-5　血栓の運ばれる経路

を生じる。塞栓自身は異物肉芽組織の形成により吸収されるか、あるいは瘢痕となる。塞栓が菌塊などを含んだ感染性の場合は、局所に血管炎や膿瘍などの炎症性変化を生じる。塞栓が腫瘍細胞であるときはしばしば血管外に増殖して転移病巣を形成する。塞栓が大きくて心臓、肺、脳など重要な臓器の動脈本幹を閉塞する場合では、ショックにより急死する。終動脈の完全閉塞が起これば、閉塞以下の血流の支配領域に梗塞が起こる。肺動脈幹の梗塞では呼吸困難から死に至る。

3. 梗 塞

吻合のない動脈（終動脈）あるいはあっても機能しない動脈（機能的終動脈）が閉塞されると、その末梢領域が虚血により壊死に陥る。これを梗塞（infarction）という。

(1) 梗塞の種類

梗塞はその外観から貧血性梗塞（白色梗塞）と出血性梗塞（赤色梗塞）に分類される。

① 貧血性梗塞（白色梗塞）

終動脈が分布する心臓、脳、腎臓、脾臓では虚血による壊死が起こる。梗塞巣は凝固壊死を来たし、白色調を呈する。梗塞巣は閉塞した血管を頂点とする血液分布に従って楔状の病巣を形成する。

梗塞はまず血管の閉塞とともに支配下領域の限局性虚血とそれによる凝固壊死が起こり、壊死部は周囲から膨隆し蒼白となり、その周囲にうっ血や出血のため赤い帯状の分界線（demarcation line）を形成する。梗塞部は時間が経過すると壊死巣の周囲から肉芽組織が増生し、器質化が進み、小さな壊死巣は瘢痕組織で完全に置換される。やがて瘢痕収縮のため、臓器の表面が陥没する（梗塞性瘢痕）。大きな梗塞巣では、しばしば中心部に壊死巣の残存、軟化嚢胞、石灰化などがみられる。

・心筋梗塞

冠状動脈の閉塞や狭窄により、その支配領域の心筋に虚血が起こり、心筋が壊死に陥る。これが心筋梗塞である。動脈硬化（ヒトでは粥状硬化症が重要）、血栓、塞栓などが冠動脈の閉塞原因である。

・脳梗塞

脳の動脈閉塞によりその支配領域に虚血による壊死が起こる。心臓、脾臓、腎臓に代表する他臓器の梗塞と異なって、壊死は融解壊死である。脳梗塞では壊死巣が容易に融解して、しばしば嚢胞を形成する。これを軟化嚢胞という。

② 出血性梗塞（赤色梗塞）

出血を伴った梗塞巣で、肉眼的に赤く見える。血管の二重支配を受ける肺（肺動脈と気管支動脈）や肝臓（肝動脈と門脈）でみられる。機能血管と栄養血管がその末梢で吻合し、流出路は1つとなっている。このような血管では、一方の血管が閉塞しても梗塞は起こりにくいが、うっ血があり、静脈圧が上昇している場合には梗塞が起こる。その際、閉塞のない他方の血管から血液が流入し、梗塞巣に出血する。

・肺梗塞

肺梗塞は代表的な例である。肺は左心不全による肺うっ血があるとき、血栓や塞栓による肺動脈の閉塞により、下流域の毛細血管の障害が起こり、出血が起こる。これに気管支動脈からの壊死巣への出血が加わり、出血性梗塞を起こす。

・肝臓の梗塞

肝臓の出血性梗塞をZahnの梗塞という。これは肝臓では肝動脈と門脈の二重支配を受けており、一方の血管が閉塞すると他方の血管からの血液が流入して、出血性梗塞のように見えるが、肝細胞には壊死を起こさず、門脈枝の血栓による閉塞と限局性のうっ血である。

その他、出血性梗塞を来たす臓器には腸や精巣がある。

2. 組織液の循環障害

　微小循環は血液と細胞の間で組織液を介して酸素および二酸化炭素、栄養分や電解質、代謝産物の交換を行う直接の場であり、生命維持に極めて重要である。

　体液の約1/3は細胞外に分布している。細胞外液の1/4は血管内に血漿として、3/4は組織液として分布している。組織液は動脈側毛細血管より漏出し、細胞へ酸素や栄養素を供給したあと、二酸化炭素や代謝産物とともに85％が静脈側毛細血管に吸収される。15％はリンパ管に流れ込みリンパ液となり、大循環系に排出される。こうして、組織液の循環が一定に保たれている（図5-6）。

　このうち血管内と組織間の組織液の還流は図5-7で示すように毛細血管から組織液を間質に流出させる静水圧と膠質浸透圧により維持されている。

■ 水　腫

　組織液が組織間隙または体腔内に多量に貯留した状態を、水腫（edema）または浮腫という。体腔内に貯留した場合は腔水症という。

1. 水腫の発生要因

　組織液の量は毛細血管と間質との静水圧差および膠漆浸透質の差による移動、リンパ管への流出、毛細血管の透過性により決定される（図5-8）。定常状態では組織液の量は動脈側での毛細血管からの流入、静脈側での毛細血管への流出、リンパ管への環流により一定に保たれている。この組織液の環流障害により生じるのが水腫である。したがって、毛細血管静水圧の上昇、血漿膠質浸透圧の低下、組織静水圧の低下、組織膠質浸透圧の上昇、毛細血管透過性の亢進、リンパ管の狭窄・閉塞によるリンパ液環流障害などが水腫の発生要因となる。

2. 水腫の成因と種類

（1）毛細血管静水圧の上昇

　毛細血管内圧の上昇は細小動脈の拡張、静脈圧の上昇により起こる。うっ血水腫がよい例で、血栓や腫瘍による静脈塞栓、膿瘍や腫瘍による静脈圧迫、妊娠子宮の腸骨静脈圧迫により静脈内腔の狭窄ないし閉塞に伴う静脈圧上昇の結果、上流の毛細血管圧が上昇し、組織液の漏出が亢進すると

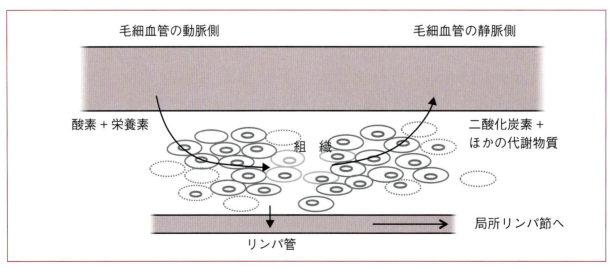

図5-6　組織液の循環（1）

ともに組織液の吸収が妨げられ水腫が起こる。慢性うっ血性心不全にみられる心性水腫では、重力の加わる部位に水腫が生じる。右心不全では全身性に、左心不全では肺水腫が起こり、さらに有効循環血液量の減少により、腎機能不全を来しナトリウムと水の排泄減少、細胞外液の増加により全身性の浮腫を起こす。肝硬変では門脈圧亢進と、さらに肝細胞障害による低タンパク血症が加わり腹水貯留を生じる。

(2) 血漿膠質浸透圧の低下

血漿膠質浸透圧は、血漿タンパク、特にアルブミン含量により支配される。血清アルブミンが2.5g/dl以下になると水腫となる。例としては腎炎やネフローゼ症候群による蛋白質の過剰排泄による血漿タンパクの減少や（腎性水腫）、慢性肝疾患、悪液質、消耗性疾患、長期の低栄養などの肝臓でのアルブミン産生の低下により血漿膠質浸透圧が低下し、水腫が起こる（肝性水腫、栄養性水腫）。

(3) 毛細血管透過性の亢進

酸素欠乏、細菌毒素、化学物質、蛇毒による血管内皮の傷害により血管透過性が亢進し水腫が起こる。また、炎症やアレルギー反応に伴って炎症性水腫やアレルギー性水腫が起こる。

炎症性水腫では、血管透過性を亢進させる因子としてセロトニン、ヒスタミン、ブラジキニン、補体系、プロスタグランジン、ロイコトルエンなど多数が関与している。

(4) 組織圧の低下

全身性水腫に際して体腔や眼瞼などに水腫が起こるが、これらの部位の組織圧が低いためである。また、臓器の萎縮や欠損がある場合にその部位に水腫が生じる。これが補空性水腫である。脳梗塞や脳軟化巣の軟化嚢胞がこの例である。

(5) リンパ液還流障害

手術、外傷、悪性腫瘍によるリンパ管の閉塞や圧迫、寄生虫感染（フィラリア）によるリンパ管閉塞などのリンパ液還流障害により水腫が起こる（リンパ性水腫）。

浮腫を起こす疾患は全身性と局所性に分けられる（表5-3）。

3. 脱水症

脱水症（dehydration）は体内から水分またはナトリウムが減少した結果、体内の水分平衡に失調を来たし、組織が脱水状態に陥ることを指す。高度な場合、血液容量の不足のため循環障害を起こし、血圧低下からショックに陥る。

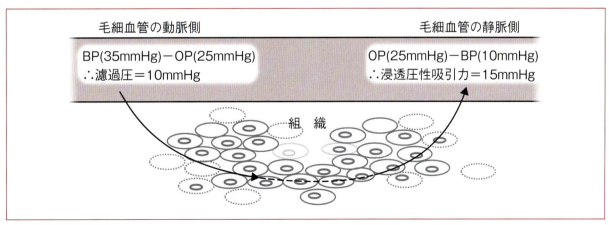

図5-7　組織液の還流

正常な体液循環を維持するために、以下の2つの主な力によって体液移動の割合や方向をコントロールしている圧勾配が変化する。
1. 静水圧 hydrostatic pressure：毛細血管壁から体液を流出させる毛細血管圧（BP）＝35mmHg
2. 膠質浸透圧 protein osmotic pressure（OP）：毛細血管の水分の保持により浸透圧平衡を維持している血漿タンパク質。この圧は25mmHgに相当している。

動物病理学

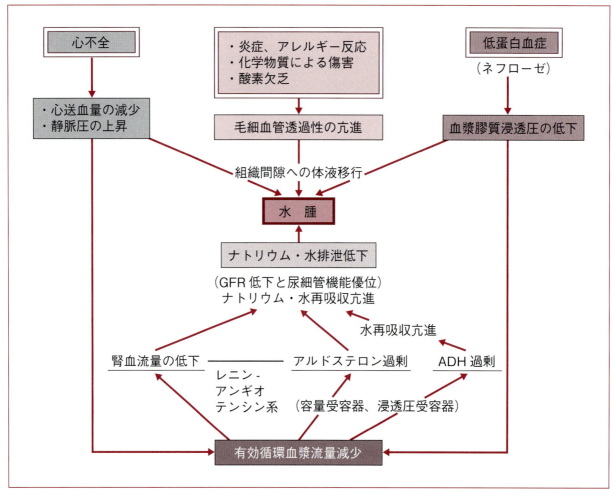

図5-8 水腫発症の機序

(1) 水喪失による脱水

一次性脱水とも呼び、過剰の発汗、人為的利尿などで水分が失われた結果、細胞外液のナトリウム濃度が上昇し、細胞外の浸透圧が上昇することにより細胞内液が細胞外へ移行して、細胞内液が減少する（細胞内脱水）。口渇が起こり、ADH分泌が促進され、尿量が減少する（乏尿）。

(2) ナトリウム喪失による脱水

二次性脱水とも呼び、頻回の嘔吐や下痢、大量の発汗に対して水のみ補給した場合、副腎皮質不全、慢性腎不全ではナトリウム濃度が低下し、細胞外液の浸透圧が低下することにより、水分が細胞内へ移動する（細胞浮腫）。同時に抗利尿ホルモン（ADH）分泌抑制による水分排泄増加が加わるため、細胞外液の水分減少が促進され、血液濃縮、血圧低下を来す。

4. ショック

末梢血管の容積と流れる血液量が著しく不均衡になり、急激に末梢循環が障害され、心臓から送り出される血液量が減少し、進行性に血圧が低下する病態をショック（shock）という。

ショックは全身組織の酸素欠乏を起こし、それによる細胞の障害は腎臓、肺、肝臓、消化管、心臓、脳、副腎などで起こりやすく、ショック臓器と言われている。複数の臓器不全が起こる場合を多臓器不全（multiple organ failure：MOF）という。

(1) ショックの分類

ショックは以前、主に末梢の循環血液量が低下

表5-3　水腫の分類

全身性	心性水腫	うっ血性心不全
	肝性水腫	肝硬変、門脈圧亢進
	腎性水腫	ネフローゼ症候群、腎不全、急性糸球体腎炎
	内分泌性水腫	甲状腺機能低下症、クッシング症候群、アルドステロン症
	栄養障害性水腫	吸収不良症候群、タンパク漏出性胃腸炎、悪液質、飢餓
	薬剤性水腫	非ステロイド系抗炎症薬
局所性	静脈性水腫	深部静脈血栓症、慢性静脈不全、血栓性静脈炎
	リンパ性水腫	リンパ節廓清、悪性腫瘍の浸潤、リンパ管炎
	炎症性水腫	火傷、蜂巣炎
	免疫異常、アレルギー性水腫	じんま疹、血管炎（各種）
	血管神経性水腫	Quincke 浮腫

したり、末梢血管が急激に拡張して循環血液量が減少して発生するものを一次性ショック、心拍出量が低下する心不全状態が原因となるものを二次性ショックとして分類されていた。その後、心原性ショック、出血性ショック、神経原性ショック、細菌性ショック、アナフィラキシーショックなど、原因によって分類されていた。しかし、臨床的には循環動態からショックを分類する方が治療を考える上で合理的であるため、最近では、以下の分類が一般的になっている。

① 心原性ショック

心臓のポンプ機能の失調によって発症し、心筋に起因するもの（例：急性心筋梗塞、拡張型心筋症など）、心臓の運動失調に起因するもの（例：僧帽弁閉鎖不全など、心臓弁失調を来す疾患）、重症不整脈に起因するものの3つに大別される。

② 循環血液量減少性ショック

循環血液量が減少して起こるもので、出血に起因するもの（例：外傷、大動脈瘤破裂、消化管出血、手術による出血など）、体液減少に起因するもの（例：下痢、嘔吐、多尿など、または腸閉塞など腸管内に水分を貯留する場合）がある。

③ 血管閉塞性ショック

主血流の物理的閉塞により末梢循環不全を生じるもので、大静脈に原因があり静脈環流が減少する。または大動脈や肺動脈に原因があり、心拍出量の減少により発症するショックである。したがって、心臓の拡張期の充満度不足による場合（例：大静脈の閉塞、緊張性気胸、心タンポナーゼなどによる静脈環流の減少が原因）と心室の収縮力不足による場合（例：肺塞栓症や解離性大動脈瘤）がある。

疾患として肺血栓性塞栓症、心タンポナーゼ、緊張性気胸、左房粘液腫、妊娠による下大静脈圧迫などがあげられる。

④ 血流量分布不均衡性ショック

循環血液量は減少していないのに、末梢血管が過度に拡張し、血管床の容積が増大し、その増大した血管床に対して相対的に循環血液量が不足するため起こるショックである。敗血症、アナフィラキシー、神経損傷、薬剤に起因するものなどがあげられる。

典型例は敗血症性ショックで、グラム陰性菌によるエンドトキシンショックやグラム

陽性菌による toxic shock syndrome もこの例である。神経原性ショックは脊髄損傷などにより、交感神経が抑制または遮断され、血管への神経支配が障害され、血管が急激に拡張し、有効循環血液量の減少を生じるために起こる。

第5章　循環障害　演習問題

問1 血液の循環障害について、誤ったものをひとつ選べ。
① 漏出性出血の成因にはビタミンC欠乏、肝機能不全、血小板減少、ビタミンK欠乏などが関与する
② うっ血は局所に流入する静脈血量が増加した状態である
③ 梗塞は血流の支配領域に生じる虚血性壊死である
④ 下肢の静脈にできた血栓がはがれると、脳塞栓症を生じることが多い
⑤ 肺梗塞では出血性梗塞を生じる

問2 血栓のできやすい要因について、関係ないものはどれか
① うっ血
② 血管内皮の障害
③ 血液凝固の亢進
④ 脱　水
⑤ 血小板減少

問3 浮腫の原因として、誤ったものをひとつ選べ。
① 血管内皮の障害による血管透過性の亢進
② うっ血
③ 血漿膠質浸透圧の増加
④ リンパ管閉塞
⑤ アルドステロン過剰分泌

動物病理学

解　答

問1　正解 ④ 下肢の静脈にできた血栓がはがれると、脳塞栓症を生じることが多い

　　下肢の静脈にできた血栓が塞栓となる場合、下肢の静脈から後大静脈、右心房、右心室、肺動脈と流れて肺に入り、その末梢部である肺動脈枝または毛細血管を閉塞して肺塞栓症を起こす。すなわち、静脈性塞栓の経路である。
　　脳に塞栓が至る場合は卵円孔開存など心奇形がある場合には、交叉性塞栓の経路を通り脳に至ることがあるが、この例はまれである。

問2　正解 ⑤ 血小板減少

　　血栓のできやすい要因（すなわち血栓の形成条件）には、うっ血、動・静脈瘤、血管の圧迫、心機能低下などによる1）血流速度の低下、外傷や血管炎、動脈硬化などによる2）血管内皮の障害、血液凝固の亢進、線溶系の減少、出血後の血小板増加、脱水による血液粘稠度の上昇などによる3）血液性状の変化が重要である。

問3　正解 ③ 血漿膠質浸透圧の増加

　　浮腫の原因には、動脈側毛細血管の障害による透過性亢進、心不全や静脈の閉塞などによる静脈圧の上昇、血漿膠質浸透圧の低下、リンパ管の閉塞が重要である。
　　血漿膠質浸透圧は血漿蛋白であるアルブミンによって維持されており、アルブミンは肝臓で産生される。肝炎や肝硬変などの肝細胞障害では低アルブミン血症となり、血漿膠質浸透圧が低下し、毛細血管から組織間に組織液が流入し浮腫を起こす。

第6章
炎　症

一般目標

局所防衛反応としての炎症の概念、経過、治癒過程を理解する。

到達目標

1）炎症の定義と5大主徴を説明できる。
2）炎症の原因と、反応の経過について説明できる。
3）炎症に関与する細胞と、科学伝達物質（ケミカルメディエーター）を挙げて説明できる。
4）炎症の分類と形態的特徴を説明できる。
5）炎症の経過と治癒について説明できる。
6）肉芽腫性炎症と種類と特徴について説明できる。

キーワード

急性炎症、慢性炎症、発赤、腫脹、熱感、疼痛、機能障害、アレルギー反応、滲出（液）、漏出（液）、炎症細胞、サイトカイン、滲出性炎、増殖性炎、肉芽腫性炎、アラキドン酸カスケード、肉芽腫

　炎症は、組織への刺激と傷害に対する生体の防御的、修復的反応であり、組織傷害を起こした原因を排除し、傷害によって生じた壊死組織を取り除くために起こる一連の反応である。本来、炎症は生体を守るための生理的な反応であるが、過剰な炎症は、生命に関わる機能障害を引き起こす場合がある。

1. 炎症の定義

　炎症（inflamation）とは、"障害性刺激（炎症刺激）によって起こった傷害組織や傷害因子に対する生体の局所的防御反応"と定義される。炎症を引き起こす傷害因子により組織に何らかの傷害が加わると、傷害因子の破壊あるいは拡散防止、傷害された組織の修復のための一連の反応が起こる。基本的にこれらは生体防御のために有用な反応であり、このような炎症反応を生理的炎症という。しかし、時に炎症は炎症反応を惹起した傷害因子の直接的効果により強く反応する場合もあり、生命に関わる機能障害を引き起こすことがある。このような炎症反応を病的炎症という。病的炎症の例としてはアレルギー反応が挙げられる。生体内に侵入した抗原を排除するための防御反応は免疫系によって引き起こされるが、この免疫反応が過剰な場合に、生体にとって有害な影響を及

ぽすことがある。

炎症には持続期間によって、急性炎症と慢性炎症に分けられる。急性炎症は細胞や組織の傷害・破壊に対する初期反応であり、持続時間が短く、数分から数日の経過をとる。急性炎症では、傷害組織と炎症細胞から産生される化学伝達物質（ケミカルメディエーター）が重要な役割を果たしており、これらの働きによって、①血流と血管内径の増加、②血管透過性の増加、③白血球（好中球）の血管外遊走が引き起こされる。臨床的には、これらの反応によって、発赤、熱感、腫脹、疼痛の症状が現れ、この4つの症状を炎症の4大主徴という。さらに、この4大主徴に機能障害を加えたものを炎症の5大主徴という。慢性炎症は急性炎症に続く反応で、数日から数年間といった長い経過をとる。慢性炎症では、リンパ球とマクロファージの浸潤、血管の増生、線維化・瘢痕化を特徴としている。

炎症について説明する前に、炎症に関するいくつかの用語について以下に説明する（表6-1）。

・滲出：血管の透過性が変化した結果、血管系から結合組織、体腔内に水分やタンパク質、血球が出ること。滲出液はタンパク濃度が高く、細胞崩壊産物を多く含み、比重は1.018以上である。
・漏出：血管内、組織内の静水圧に差が生じた結果として、血管系から水分が漏れ出ること。漏出液はタンパク濃度が低く、比重は1.012以下である。
・水腫：間質組織、漿膜腔内に組織液が過剰に貯留した状態。貯留する組織液は、滲出液か漏出液かのどちらかである。
・膿：化膿性滲出物のことで、好中球と細胞崩壊産物を多く含む炎症性滲出液である。

表6-1　滲出液と漏出液の比較

	滲出液 (exudate)	漏出液 (transdate)
タンパク成分	高い	低い
有核細胞数	多い	少ない
透明性	低い（混濁）	高い
比重	高い	低い

2. 炎症の原因

細胞傷害を惹起するすべての刺激は炎症を引き起こす原因となるため、炎症の原因はきわめて多い。細胞傷害の原因は外因性と内因性に大別され、外因性の原因は、①物理的刺激、②化学的刺激、③感染に分けられ、内因性の原因は、①体内産生異物、②異常代謝産物、③アレルギー反応に分けられる。

■ 炎症の外因

1. 物理的刺激
外傷による創傷、高温（火傷）、低温、圧力、摩擦、放射線、紫外線、電撃など。

2. 化学的刺激
塩酸・ヒ素などの一般的な化学物質、ヘビ毒・キノコ毒などの生物がつくり出す物質、フリーラジカル・活性酸素などの酸化的ストレスなど。

3. 感染
細菌、ウィルス、真菌、原虫、寄生虫など。

■ 炎症の内因

1. 体内産生異物
体内で生じた変性産物、アミロイド、類軟骨、壊死細胞・組織など。

2. 異常代謝産物

体内への尿酸の蓄積による痛風、尿毒症物質の蓄積など。

3. アレルギー反応

アレルギー、自己免疫疾患など。

これらすべてが細胞傷害の原因であり、細胞傷害が生じると炎症が開始される。実際には細胞傷害の原因の多くは複合的であり、同時にさまざまな原因が関与している場合が多い。

3. 炎症による形態的変化

炎症の過程には、非常に多くの要素が関与しており、さまざまな要素が協調して働いている。炎症反応に関与する要素は、①血管の反応、②細胞の反応、③液性反応（細胞より放出される化学伝達物質）の3つに大きく分類される。ここでは、それらの要素について説明する。

■ 血管の反応

炎症反応に関与する細胞や分子は、通常、血液中を循環している。炎症反応の過程が進んでいくためには、これらの細胞や分子が、組織傷害が起きた場所へ効率よく運ばれなければならない。そのため、炎症の初期段階では血管に以下のような変化が起こる。

1. 血流量と血管内径の変化

傷害性刺激により細胞・組織傷害が引き起こされると、局所の血流量と血管内径が変化する。まず、病巣局所の細動脈の一過性の収縮が起こり、その後、細動脈が拡張することによって、局所の血流が増加する。細動脈の拡張とそれに続く血流の増加は、毛細血管や細静脈の拡張を引き起こす（図6-1）。炎症の主徴であり、急性炎症で認められる発赤や熱感の原因は、この血管拡張であり、これを炎症性充血という。

2. 血管壁の透過性の亢進

炎症の初期は、細動脈の拡張と血液量の増加によって局所的な血管内静水圧の上昇が起こり、タンパク質の乏しい漿液（漏出液）が血管外に漏出する。その後、毛細血管や細静脈の血管内皮細胞

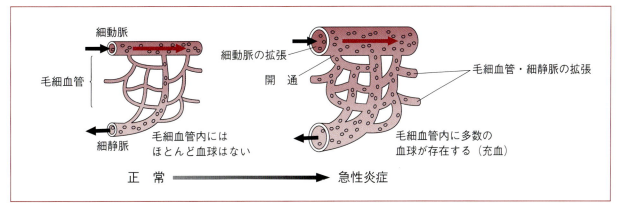

図6-1　急性炎症における血管の変化

出典：「豊國伸哉：炎症、シンプル病理学（笹野公伸、岡田保典、安井 弥 編）、改訂第6版、P.40、2010、南江堂」より許諾を得て改変し転載.

の間隙が増加し、細胞も含むタンパク質に富んだ液体（滲出液）が間質に漏出する。タンパク質に富んだ液体が血管外に滲出するため、血管内の膠質浸透圧は低下し、組織の膠質浸透圧は上昇する。この結果、血管内と組織の膠質浸透圧の差によって、血管外への液体の移動が加速し、血管外組織に液体がさらに貯留する。この組織内での局所的な液体の貯留を炎症性水腫（浮腫）という。浮腫は炎症の主徴である腫脹の原因の一つである。この血管透過性亢進は、初期はブラジキニンやヒスタミンをはじめとする多くのケミカルメディエーターによって引き起こされ、次第にマクロファージやリンパ球から放出されるさまざまなサイトカインの作用によって引き起こされるようになる。血管透過性亢進の機序は複雑であり、上記の反応のほかにもさまざまな機序があることがわかっている。血管透過性の亢進によって、免疫グロブリンなどの重要な防御タンパク質が血管外へ滲出することが容易となる。

　血管の透過性が亢進して、タンパク含有量の多い漿液が血管外組織へ流出するとともに、血流はゆるやかになる。この結果、血管内の赤血球密度や血液の粘稠度が高まり、血液はうっ帯する（血行静止）。白血球（主に好中球）は、正常状態では血管内腔中心部を流れているが、血行静止が起こると血管内腔の辺縁に寄ってくる。これは、好中球が血管壁を通過して血管外組織に移動する過程の最初のステップである。

■ 細胞の反応

　炎症では、血管透過性の亢進に引き続いて白血球の浸潤が起こる。各種白血球には、それぞれに特有の浸潤機構と機能がある（後述）。通常、好中球の浸潤がはじめに起こり、続いてリンパ球や単球の浸潤が起こる。多くの急性炎症では、最初の6～24時間は好中球が主要な浸潤細胞であるが、約48時間までに単球やマクロファージに置き換わる。ただし、このようなパターンには多くの例外がある。感染する細菌の種類によっては、長期間にわたり好中球浸潤が優勢であり、動物種や炎症刺激の種類によっては、好酸球やその他の細胞浸潤が目立つ場合もある。白血球の浸潤はいくつかの段階を経て起こる。ここでは、好中球が血管内から炎症部位へ移動する過程について説明する（図6-2）。

1. 血管壁側への移動

　血液が流れる際、正常状態では赤血球と白血球などの細胞成分は、血管の中心部を流れ（軸流）、血漿成分は辺縁部を流れている（辺縁流）。炎症の初期に血流が遅くなり血行静止が起こると、好中球は軸流から離れて血管内腔の辺縁に移動する。

2. ローリング

　辺縁に移動してきた好中球は、毛細血管内で内皮細胞と一時的に接着し、内皮細胞の表面を血流方向へ転がりながら移動する。回転に必要な弱い接着には、血管内細胞の表面に発現するセクレチンと好中球表面の糖タンパクが関与している。正常内皮細胞の表面では、セクレチンはほとんど発現していない。セクレチンの発現には特定のメディエーターの刺激が必要であり、メディエーターが産生されている組織傷害部位の内皮細胞で好中球の接着が生じる。

3. 接　着

　ローリングしながら移動する好中球は、やがて血管内皮細胞と完全に接着する。この接着は、血管内皮細胞の表面に発現する免疫グロブリンスーパーファミリーの細胞間接着因子・血管性細胞接着因子と好中球表面のインテグリンによってもたらされる。

4. 血管外の細胞傷害部位への遊走

　内皮細胞に接着した好中球は、アメーバのような形となり、内皮細胞間や細胞内に偽足を伸ばし

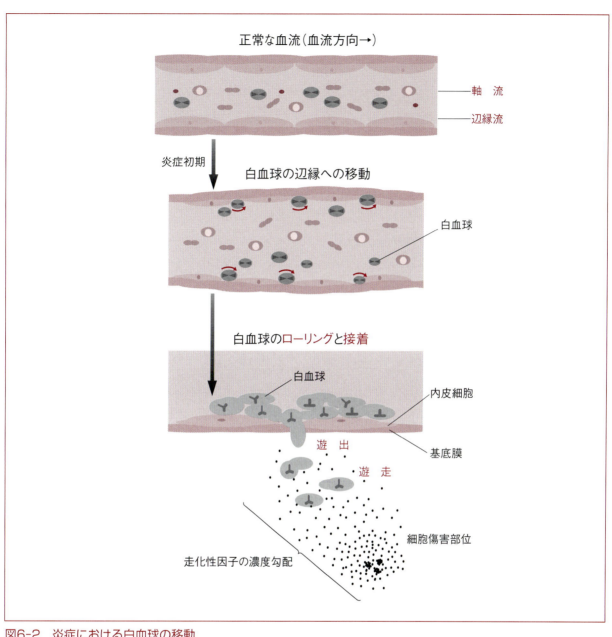

図6-2 炎症における白血球の移動

て血管壁を通り抜ける。このような好中球の移動は、血管外遊出と呼ばれ、主に細静脈で認められる。血管から遊出した好中球は、損傷部位で産生される走化因子（C5aのような補体成分、ロイコトリエンBのようなアラキドン酸産物、サイトカインなど）に引き寄せられ、走化因子の濃度勾配に沿って損傷部位に向かって遊走する。この現象を走化性という。走化性はすべての種類の顆粒球や単球、リンパ球にも認められる（ただし、リンパ球の走化性は顆粒球、単球に比べると弱い）。

炎症部位に到達した好中球は、微生物、壊死産物、さまざまなメディエーターなどの活性化因子によって活性化され、貪食作用や脱顆粒によるリソソーム酵素の放出により起炎物質や不要組織の処理を行う。好中球が微生物を認識し、付着しやすくするための分子をオプソニンと呼び、微生物がオプソニンに覆われることをオプソニン化という。オプソニンとして働く代表的な分子には、免疫グロブリンや補体のC3bがある。オプソニン化された微生物は、好中球に貪食され、食胞内で、

次亜塩素酸や過酸化水素など、好中球内で産生された活性酸素やリゾチームなどのリソソーム酵素によって殺菌される。

炎症部位には好中球以外の白血球も浸潤する。炎症部位に浸潤する細胞を炎症性細胞と呼び、炎症性細胞は単独で起炎物質の排除を行うだけではなく、サイトカインと呼ばれる生物活性物質を産生・分泌することによって、複雑な相互作用を営んでいる。

以下に炎症に関わる細胞（炎症性細胞）について説明する。

■ 炎症に関する細胞

1. 好中球

好中球は分葉状または桿状の核を有し、細胞質に中性色素に染まるやや小型の顆粒を有する炎症性細胞である（図6-3）。好中球は炎症初期の炎症部位において最も増加する細胞である。骨髄で骨髄芽球、骨髄球、桿状核球と分化し、末梢血中に放出される。末梢血中での寿命はおおよそ7日程度であり、組織中に遊走した好中球の寿命は1日程度である。好中球は遊走能と貪食能が高く、炎症時には炎症部位の血管を介して病巣に遊走し、起炎物質や不要組織を貪食する。細胞質内の顆粒には、ミエロペルオキシターゼ（過酸化水素と塩素から活性酸素である次亜塩素酸や一重項酸素を産生する）、リゾチーム（グラム陽性菌の細胞壁のペプチドグリカンを分解する：ウシではこれを欠く）、ラクトフェリン（細菌・真菌の増殖に必須である鉄を吸着し回収する）、ディフェンシン（広い抗菌スペクトルを示す塩基性タンパク質）、アルカリフォスファターゼ（犬、猫ではこれを欠く）などの酵素やタンパク質が含まれており、これらの働きにより貪食した細菌や異物を分解し、無毒化する。炎症巣に浸潤した好中球の寿命は短く、死滅に際して細胞内のさまざまな酵素により周囲の組織を融解し、膿となる。細菌や異物を認識する能力を有するが、寿命が短いため情報の記憶能力はなく、抗体を介して分子や細胞を認識することもできない。炎症部位にいち早く到着し、手当たり次第、微生物や異物などを貪食して処理するのが仕事である。

2. 好酸球

好酸球は分葉状の核を有し、細胞質に好酸性の

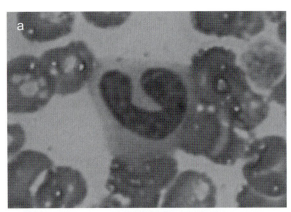
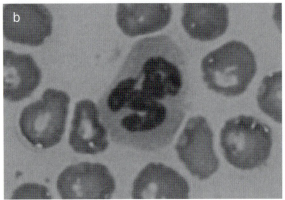

図6-3　好中球（ライトギムザ染色×1,000）
(a) 桿状核と (b) 分葉核

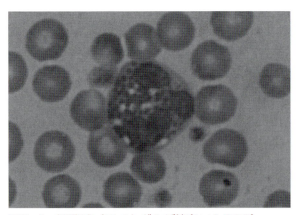

図6-4　好酸球（ライトギムザ染色×1,000）

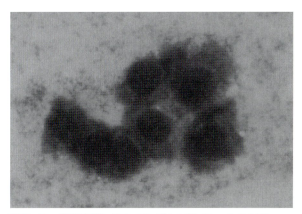

図6-5　肥満細胞（ライトギムザ染色×1,000）

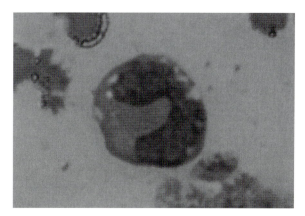

図6-6　単球（ライトギムザ染色×1,000）

顆粒を有する、好中球より若干大きい炎症性細胞である（図6-4）。細胞質にある好酸性の顆粒が特徴であるが、その形状は動物種によって異なる（例：ウマでは顆粒が大きく明瞭で、ブドウの房のようにみえる）。末梢血中に6～7時間程度留まり、血管外へ出て約1週間で死滅する。好中球と同様に高い遊走能をもち、貪食能もあるが、好中球よりも貪食能、殺菌・消化作用は弱い。好酸球固有の機能は、貪食よりもむしろ細胞外に放出される顆粒内に含まれた酵素や生物活性物質にあると考えられている。好酸球は、I型アレルギー反応や寄生虫感染時に主に認められ、細胞質顆粒の成分であるタンパク質は寄生虫に毒性を示す。

3. 好塩基球と肥満細胞

好塩基球は分葉状の核を有し、細胞質にライト染色やHE染色で濃紫色に染まる顆粒を有する炎症性細胞である。肥満細胞は円形の核と顆粒に富んだ豊富な細胞質を有する、やや大型の炎症性細胞である（図6-5）。好塩基球と肥満細胞の細胞内顆粒は、メチレンブルーやトルイジンブルーのような塩基色素により、本来の色調である青色ではなく赤紫色に染まる。これを異染性（メタクロマジー）という。組織内に遊走した好塩基球の寿命は数日と短く、炎症に際して主要な浸潤細胞となることはほとんどない。肥満細胞は皮膚、肺、消化管などの結合組織や粘膜に広く分布している。

IgE受容体を有し、主にI型アレルギー反応に関与している。細胞表面の受容体にIgEが結合すると脱顆粒が起こり、ヒスタミンなどの酵素や好酸球遊走因子、好中球遊走因子などが細胞外に放出され、ほかの炎症性細胞の浸潤、血管拡張、かゆみなどが引き起こされる。好塩基球と肥満細胞にはいくつかの相違点があり、両細胞の関係については未だ明らかになっていない。

4. 単球とマクロファージ

単球は卵円形・馬蹄形の核を有し、豊富な細胞質を有する炎症性細胞であり、白血球のなかで最も大きい細胞である（図6-6）。骨髄内で分化・増殖した単球は、末梢血中で約32時間程度循環し、その後、血管外の傷害組織に遊走し、マクロファージとして機能する。正常組織でのマクロファージの寿命は、数週間から数ヵ月といわれている。現在、生体に存在するマクロファージは、前述のような血中単球由来のマクロファージ、肝臓のクッパー細胞や結合組織内の組織球のような組織に常在する固着型マクロファージ、主要組織適合抗原MHCクラスIIを発現し、高い抗原提示能を有する抗原提示マクロファージの3種類に大別されている。抗原提示マクロファージには、皮膚のランゲルハンス細胞、脾臓やリンパ節の濾胞樹状細胞などの樹状細胞が含まれる。

炎症が起こってから2～3日が経つと、炎症巣

に浸潤する炎症細胞の主体は、好中球からマクロファージに変わっていく。マクロファージは遊走能と貪食能をもち、異物、微生物、壊死組織片、死滅した炎症性細胞などを貪食し、細胞内に存在する酵素によって、消化、無毒化する。マクロファージは、貪食し断片化した異物を主要組織適合抗原MHCクラスⅡと結合させ細胞表面に提示する。そしてヘルパーT細胞がこれを認識することによって免疫応答が開始される。同時に、プロテアーゼ、アラキドン酸代謝産物、線維芽細胞や血管などの増殖を亢進する物質、リンパ球を刺激し活性化させるサイトカインなど、さまざまな生物活性物質を分泌する。また、マクロファージは多様な機能を有し、周囲の微小環境によってその機能や形態を変える細胞である。例えば、マクロファージに長期間にわたる抗原刺激やサイトカインによる刺激が加わると、形態が変化し、肉芽腫の主要な構成成分である類上皮細胞となる。また、マクロファージは炎症の原因を除去できない時に多数の細胞が合体し、多核の巨細胞（異物巨細胞）を形成するという特徴がある。

5. リンパ球

リンパ球は円形核を有する、細胞質の乏しい小型の炎症性細胞である（図6-7）。遊走能は低く、貪食能はない。リンパ球は免疫応答の中心となる炎症性細胞であり、機能的にT細胞とB細胞に分けられる。T細胞は免疫応答を制御して細胞性免疫の作用細胞として働き、B細胞は抗体を産生して液性免疫の中心的な役割を果たしている。末梢血中を循環するリンパ球は約80％がT細胞である。細胞の寿命はT細胞は長く、B細胞で短いが、メモリーT細胞とメモリーB細胞ではともに寿命が長い。マウスのT細胞の寿命は120〜180日、B細胞は35〜50日との報告があり、ヒトのT細胞の寿命は平均4.3年で、約1％は20年間生存するといわれている。リンパ球はウィルス感染に対する主たる炎症性細胞であり、マクロファージ、形質細胞とともに慢性炎症の主役となる。

6. 形質細胞

形質細胞は核クロマチンが車軸状に分布した円形の核を有する、卵円形の炎症性細胞であり、核は辺縁に偏在している。細胞質は多数の粗面小胞体が発達しているため、HE染色で細胞質は好塩基性に染まる。形質細胞はB細胞が抗原刺激により芽細胞化し、分裂、成熟し、抗体産生細胞に分化したものであり、免疫グロブリンを産生する。遊走能を欠くため、末梢血中や体腔液中には出現しない。形質細胞は急性炎症巣には出現せず、主に、亜急性および慢性炎症において、通常、リンパ球とともに出現する。

■ 炎症に関与する液性因子

炎症過程で起きるさまざまな反応は、種々の化学物質が仲介することによって制御されている。このような、細胞から細胞への情報伝達を仲介する化学物質を、ケミカルメディエーター（化学伝達物質）という。ケミカルメディエーターは、炎症刺激を受けた細胞が産生・分泌するものと、血漿タンパク質に由来するものに大別できる。前者はさらに、ヒスタミンのように細胞内に貯蔵されている物質が分泌される場合と、プロスタグランジンのように傷害を起点とするカスケード反応の結果、新たに合成される場合とに分けられる。血

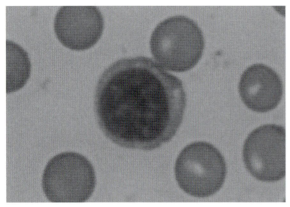

図6-7　リンパ球（ライトギムザ染色×1,000）

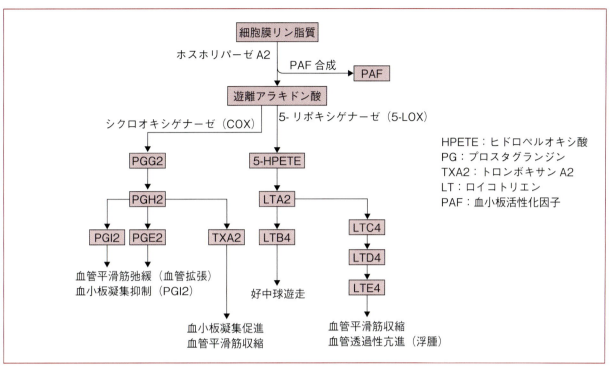

図6-8 アラキドン酸カスケード

漿タンパク質由来のメディエーターには補体やキニン類がある。

以下に主なケミカルメディエーターについて説明する。

1. 血管作動性アミン

ヒスタミンは、肥満細胞と好塩基球で合成され、一部は血小板にも貯蔵されている。炎症過程のさまざまな反応や刺激によって放出される。ヒスタミンの主要な働きは、細動脈の拡張と血管透過性の亢進であり、そのほかにもアラキドン酸代謝の促進、痛みとかゆみ、好酸球の走化性などを引き起こす。

セロトニンは血小板にヒスタミンとともに貯蔵されており、血小板凝集に際して放出される。作用はヒスタミンと類似している。またセロトニンは重要な神経伝達物質でもある。

2. アラキドン酸代謝産物

アラキドン酸は動物の細胞膜や小胞体を構成するリン脂質に存在している。細胞膜が刺激を受けると、膜に存在するホスホリパーゼ A_2 が活性化され、その働きによって、アラキドン酸が細胞内に遊離する。遊離したアラキドン酸は、シクロオキシゲナーゼ（COX）経路とリポキシゲナーゼ（LOX）経路の主要な2つの経路で代謝され、最終的に前者では、プロスタグランジン（PG）、トロンボキサン（TX）が産生され、後者ではロイコトリエン（LT）が産生される。これらの代謝産物（脂質メディエーター）は、さまざまな生理活性を示し、総称してアラキドン酸代謝産物もしくはエイコサノイドと呼ばれる。また、アラキドン酸を原料として最終的に種々の脂質メディエーターがつくられる代謝経路をアラキドン酸カスケードという（図6-8）。

3. 血小板活性化因子

血小板活性化因子（PAF）は細胞膜リン脂質から合成されるもう一つの脂質メディエーターで、血小板、肥満細胞、好塩基球、好中球、単球、血

管内皮において、ホスホリパーゼA_2とPAF生合成酵素の作用によって合成される。PAFは強力な血管透過性亢進作用を有し、また、平滑筋の収縮による血管収縮と気道収縮を引き起こす。PAFは白血球の走化性、接着、脱顆粒にも関与する。

4. サイトカイン

細胞から放出され、それに対するレセプターをもつ細胞に作用することによって、細胞間の情報伝達を媒介する微量生理活性タンパク質を総称してサイトカインと呼ぶ。サイトカインの働きは、免疫、炎症に関与したものから、細胞の増殖、分化、造血、創傷治癒などまできわめて多様である。サイトカインには、インターロイキン（IL）、インターフェロン（IFN）、コロニー刺激因子（CSF）などの造血因子、腫瘍壊死因子（TNF-$α$）などの細胞傷害因子、神経成長因子（NGF）などの神経栄養因子など多くの種類が存在する。これらのサイトカインのうち、急性炎症に重要な役割を果たすサイトカインは、IL-1とTNF-$α$である。これらのサイトカインは、活性化したマクロファージで産生され、さまざまな炎症性メディエーターの刺激によって分泌される。

5. 補　体

補体は抗体の反応を補って、殺菌反応や溶血反応を引き起こす血清中のタンパク質の一群であり、これらのタンパク質群が連鎖的に活性化することによって、急性炎症のさまざまな現象に影響を及ぼす。

4．炎症の分類

炎症を分類する場合、何を基準にして分類するかによって内容が異なってくる。例えば、炎症を引き起こす原因を基準にすれば、ウィルス性炎、細菌性炎、アレルギー性炎などに分類され、炎症の経過を基準に分類すれば、急性炎、亜急性炎、慢性炎とに分類できる。代表的な分類の例を表に示す（表6-2）。

表6-2　炎症の分類

分類の基準	例
原　因	ウイルス性炎、細菌性炎、アレルギー性炎、寄生虫性炎、無菌性炎、非感染性炎
炎症の経過	急性炎、亜急性炎、慢性炎
病変の性質	滲出性炎、増殖性炎、肉芽腫性炎
炎症の起こる部位・広がり	表在性炎、深在性炎、限局性炎、び漫性炎
臓器・組織名	腎炎、肝炎、皮膚炎
組織内の部位	間質性炎、実質性炎

5．急性炎症と慢性炎症

炎症は、その持続期間によって、急性炎症と慢性炎症に分類される。急性炎症と慢性炎症では、持続時間だけではなく、炎症に関与する細胞や経過などさまざまな違いがある。ここでは急性炎症、慢性炎症のメカニズムと形態学的分類について説明する。

■ 急性炎症

1. 急性炎症とは

急性炎症は、細胞や組織の傷害・破壊に対する初期反応であり、持続時間は短く、数分から数日の経過をとる。急性炎症の主な目的は、侵襲した傷害因子の除去であり、通常は炎症の初期に一過性に起こる。臨床的には、炎症の5大主徴と呼ばれる徴候が認められる（発赤、熱感、腫脹、疼痛、機能障害）。急性炎症の特徴は、前述の通り、血管の反応（血管の拡張と血管透過性の亢進）とそれに続く細胞の反応（白血球の遊走と活性化）であり、組織学的には、充血、水腫、好中球を主体とした白血球の浸潤を特徴とする。これらの反応には、傷害組織と炎症性細胞の産生する種々の液性因子（ケミカルメディエーター）が重要な役割を果たしている。炎症の初期に傷害部位に浸潤した好中球は、傷害因子や壊死組織を除去し、数日後には炎症性細胞の主体はマクロファージに変わっていく。

2. 急性炎症の帰結

炎症は、原則的には炎症の原因となっている傷害因子が取り除かれることによって回復に向かう。急性炎症の帰結は、その傷害の強さや性質、傷害を受けた部位、傷害因子が除去されるまでの時間などによって異なる。一般的に急性炎症は以下のいずれかの経過をとる。

（1）完全治癒

傷害因子が比較的短時間で除去され、炎症による組織破壊が軽度である場合は、傷害因子の除去後、組織の構造と機能は元通りに回復し、完全に治癒する。

（2）瘢痕治癒

炎症による組織傷害が重度で広範囲に及んだ場合、再生しない細胞が傷害を受けた場合は、線維芽細胞の増殖や組織の器質化が起こり、最終的には膠原線維や結合組織で置き換わる（線維化）。線維化によって組織が修復された状態を瘢痕といい、瘢痕を形成することによって炎症が治癒した場合を瘢痕治癒という。線維化は、組織の収縮を引き起こすため、組織の変形や機能障害の原因となる場合がある。

（3）膿瘍形成

細菌の感染や広範な壊死が生じた場合、多量の好中球が集簇し、好中球から放出される分解酵素によって組織が融解して、膿の貯留した膿瘍が形成される場合がある。膿瘍はどのような臓器にも起こる可能性がある。自然あるいは外科的に排膿できれば治癒する。

（4）潰瘍形成

上皮細胞表面に急性炎症が生じた場合、炎症により上皮の欠損が生じる場合がある。消化管では、上皮の欠損が粘膜筋板にとどまるものをびらん、粘膜下あるいはそれより深部に至るものを潰瘍という。皮膚では、欠損が表皮内にとどまるものをびらん、真皮に至るものを潰瘍という。びらんは上皮化によって完全に治癒するが、潰瘍は瘢痕化する場合が多い。

（5）慢性炎症への移行

急性炎症を引き起こした原因が除去されない場合、後述の慢性炎症へと移行する。

表6-3 炎症の形態学的分類とその特徴

形態学的分類	炎症名	特徴	症例
滲出性炎	漿液性	漿液の滲出を主とする炎症	火傷による水疱など
	カタル性	粘液の分泌亢進と粘膜上皮の剥離があるが、ほとんど粘膜の損傷がない炎症	カタル性肺炎(犬ジステンパーなど) 鼻カタルなど
	線維素性	多量の線維素(フィブリン)の滲出を伴う炎症	線維素性肺炎(牛肺疫) 絨毛心(創傷性心嚢炎)など
	化膿性	滲出物が好中球を主体とする炎症	蓄膿症、膿瘍、蜂窩織炎など
	出血性	滲出物に赤血球が含まれる炎症	出血性伝染病(炭疽、豚コレラなど) がん性腹膜炎など
	壊死性	組織の壊死が著明な炎症	重度の熱傷、犬伝染性肝炎
	壊疽性	滲出物や組織の腐敗を伴う炎症	クロストリジウム感染症など
増殖性炎		結合組織の増殖が主体である炎症(実質細胞が増殖する場合もある)	肝硬変、骨髄増殖性疾患など
肉芽腫性炎	異物性肉芽腫	異物巨細胞が多数を占める肉芽腫	草の種の迷入、縫合糸に対する反応など
	免疫性肉芽腫	遅延型過敏症が関与して形成される肉芽腫	結核、ブルセラ病、真菌感染など

3. 急性炎症の形態学的分類

急性炎症では、血管からの液体成分や細胞成分の滲出を特徴とする滲出性炎が起こる。急性炎症は、滲出物の量や種類によって以下のように分類される(表6-3)。

(1) 漿液性炎

血清成分が主に滲出液である炎症で、組織傷害が軽い場合に起こるが、多くの場合は各種炎症の初期変化として現れる。漿液性炎は毛細血管網のよく発達した組織(例:粘膜や漿膜)に起こりやすく、発生部位により特徴的な像を示す。粘膜の漿液性炎では、粘液の過剰生産を伴う場合があり、粘膜の分泌亢進と粘膜上皮の剥離は認めるが、ほとんど粘膜の損傷がない場合をカタル性炎という。

(2) 線維素性炎

滲出液にフィブリノーゲンが含まれており、その結果として線維素(フィブリン)の析出が特徴となる炎症である。中毒や感染症など、激しい炎症刺激により血管内皮細胞が重度に傷害された場合に起こる。漿膜、粘膜、肺などで認められることが多い。

(3) 化膿性炎

滲出物が主として好中球である炎症で、化膿性炎の滲出液を膿という。膿は肉眼的には帯黄灰白色の濃厚な液体であり、組織学的には多量の好中球、組織の壊死崩壊産物、血漿成分からなる。組織の融解を伴う限局的な膿の集簇巣を膿瘍と呼び、重度の好中球浸潤が結合組織にびまん性に拡がった状態を蜂窩織炎と呼ぶ。また、副鼻腔や胸腔など、臓器の内腔や漿膜に囲まれた体腔に膿が貯留した状態を蓄膿という。化膿性炎はほとんどが細菌感染に起因する。

(4) 出血性炎

炎症反応に付随して出血が起こり、滲出物や罹患部全体に多量の赤血球が含まれる炎症で、激しい急性炎症時に認められることが多い。

(5) 壊死性炎

滲出や増殖といった炎症反応に比べて、組織の壊死が目立つ炎症であり、粘膜に好発する。壊死性炎の発生する要因には、免疫低下（免疫不全）、アレルギー関与（結核など）、局所の循環障害、重度の熱傷や強い酸・アルカリなどの物理的刺激や化学的刺激などがある。

(6) 壊疽性炎

各種の炎症に腐敗菌の二次感染が加わり、滲出物や壊死組織が腐敗分解された状態で、腐敗性炎とも呼ぶ。壊疽性炎は、粘膜面や体表、あるいはこれらの部位と連絡する部位に起こりやすい。病巣は、汚濁灰白色を呈し、悪臭を放つ。ガス産生菌に感染した場合はガス壊疽といい、組織内には多数の気泡が認められる。

■ 慢性炎症

1. 慢性炎症とは

慢性炎症とは、長期（数週間〜数年）にわたり炎症反応、組織傷害、修復過程が持続する炎症であり、マクロファージ、リンパ球、形質細胞などの単核細胞浸潤、血管新生と線維化を伴う組織修復を特徴とする。瘢痕化や組織構築の改変・変形を伴うため、正常組織の構築の変化は急性炎症より強い。代表的な例として、ヒトのC型肝炎ウィルス感染による慢性活動性肝炎から、小葉構造の変化を伴う肝硬変への移行などがある。

2. 慢性炎症の原因

慢性炎症は、急性炎症が慢性に移行して起こることが一般的であるが、急性炎症を経ずに慢性炎症の徴候が認められる場合もある。以下に慢性炎症の代表的な原因を挙げる。

・治癒せずに持続する急性炎症
・容易には排除できない持続感染症
・長期にわたる有害分子への曝露
・異物
・自己免疫疾患

3. 慢性炎症の形態学的分類

急性炎症の特徴が滲出性変化であるのに対し、慢性炎症では増殖反応が特徴である。慢性炎症は一般的に認められる増殖性炎と、特殊な病態で認められる肉芽腫性炎に分類される。

(1) 増殖性炎

増殖性炎とは、組織固有の細胞や結合組織成分の増殖が顕著である炎症である。多くの場合、肉芽組織形成と結合組織線維の増殖が主体となるが、実質細胞が増殖する場合もある。持続する炎症刺激や強い組織傷害による炎症の長期化により、病巣では持続的な増殖反応が生じる。増殖性炎では、次第に線維化が進行し、最終的に瘢痕を形成するため、罹患組織や罹患臓器の変形を生じる場合が多い。また、肉芽組織や線維化が過剰に生じて腫瘤を形成する場合もある。

(2) 肉芽腫性炎

肉芽腫性炎は特殊な型の慢性炎症で、上皮様の形態を示す活性化マクロファージ（類上皮細胞）、リンパ球を主体とする単核細胞、多核巨細胞からなる限局性の結節性病変（肉芽腫）の存在を特徴とする。特異性炎という言葉は、結核菌などのある特定の病原体によって形成される形態的に特異な肉芽腫性炎に対し用いられる。肉芽腫は、容易に除去できない結核菌のような抗酸菌や真菌、さまざまな異物などによってマクロファージが活性化されることによって形成される。マクロファージは活性化すると種々のケミカルメディエーターを分泌するとともに、類上皮細胞や多核巨細胞へと形態変換する。多核巨細胞のうち、大型で核が細胞質の辺縁に馬蹄形または花冠形に配列するものをラングハンス型巨細胞といい、結核の肉芽腫病変に出現する。また、一般に核が細胞質の中心部に不規則に集合したものを異物巨細胞という。肉芽腫は病理発生の違いによって、異物性肉芽腫と免疫性肉芽腫に分けられる。

肉芽腫性炎に分類される疾患には、結核、ヨーネ病、ブルセラ病、鼻疽、仮性結核、放線菌病な

どがあり、多くは細胞内寄生性の強い細菌の感染症で認められる。また、ヒストプラズマ、アスペルギルス、クリプトコッカスなどの真菌感染症でも認められる。ウイルス感染では、コロナウィルスに属するFIPウィルスによって生じる猫伝染性腹膜炎において、細静脈を中心とした化膿性肉芽腫性血管炎および血管周囲炎が認められる。このほかに原因不明の肉芽腫性炎として、サルコイドーシス、ホジキン病などがある。各疾患の詳細については、参考図書を参照すること。

4. 異物性肉芽腫

肉芽腫反応を引き起こす異物には、ガラス片、木片、草の種、砂や石などの吸収されにくい外来性の物質がある。手術に使用した縫合糸も肉芽腫反応を引き起こす場合がある。体内にもともとある物質によっても肉芽腫反応を引き起こす可能性があり、例として、毛、角質、コレステリン結晶などが挙げられる。毛や角質は、何らかのきっかけで真皮内に侵入すると異物として認識される。異物が組織内に侵入するとマクロファージが出現し、貪食しようと試みるが、異物が大きすぎて単一のマクロファージでは貪食できない場合には、異物を囲むように異物巨細胞が形成される。この異物巨細胞が多数を占める肉芽腫を異物肉芽腫という。不消化性異物は生体に長く存在するが、やがて線維化が起こり、異物は線維組織内に埋没した状態になる。

5. 免疫性肉芽腫

組織内に侵入した微生物やそれらに起因する炎症反応の残骸は、通常マクロファージなどの食細胞によって貪食され、分解される。しかしながら微生物の中には食細胞そのものに感染し、細胞内で増殖するものもある。これらの微生物などの抗原が食細胞内で残存して分解されない場合、これが刺激となって遅延型過敏症（Ⅳ型過敏症反応）が起こる。これが長引くと、抗原を分解できないマクロファージが類上皮細胞となり、さらにサイトカインによって遊走能を抑制され、融合して巨細胞に変化し、最終的に肉芽腫が形成される。

参考図書

日本獣医病理学会 編（2013）：動物病理学総論 第3版、文永堂出版、東京.

板倉智敏、後藤直彰 編（1997）：動物病理学総論、文永堂出版、東京.

笹野公伸、岡田保典、安井弥 編（2010）：シンプル病理学 第6版、南江堂、東京.

菊池浩吉、吉木敬 編（1994）：新病理学総論 第15版、南山堂、東京.

Thomas Carlyle Jones, Ronald Duncan Hunt, Norval William King（1997）：Veterinary pathology, 6th ed. Lippincott Williams & Wilkins, USA.

M. Grant Maxie（2007）：Jubb, Kennedy & Palmer's Pathology of Domestic Animals, 5th ed. Elsevier Sanders, USA.

第6章　炎　症　演習問題

問1 炎症の5大主徴に含まれないものを1つ選べ。
① 発赤
② 熱感
③ 機能障害
④ かゆみ
⑤ 疼痛

問2 急性炎症と慢性炎症について述べた以下の文のうち、誤ったものを1つ選べ。
① 急性炎症は細胞や組織の傷害・破壊に対する初期反応であり、持続時間は短く、数分から数日の経過をとる
② 急性炎症では瘢痕化は認められない
③ 慢性炎症とは、長期（数週間～数年）にわたり炎症反応、組織傷害、修復過程が持続する炎症である
④ 異物は慢性炎症の原因の1つである
⑤ 慢性炎症の炎症性細胞の主体はマクロファージ、リンパ球、形質細胞などの単核細胞である

問3 炎症の外因に含まれないものを1つ選べ。
① アレルギー
② 塩酸などの一般的な化学物質
③ 感染
④ 火傷
⑤ 放射線

動物病理学

解 答

問1 正解 ④ かゆみ

　急性炎症では、傷害組織と炎症細胞から産生される化学伝達物質（ケミカルメディエーター）によって、血流と血管内径の増加、血管透過性の増加、白血球（好中球）の血管外遊走が引き起こされる。これらの反応によって引き起こされる、発赤、熱感、腫脹、疼痛の四つの症状を炎症の4大主徴といい、さらに、この4大主徴に機能障害を加えたものを炎症の5大主徴という。かゆみは、肥満細胞から放出されるヒスタミンなどの化学物質による刺激や、心理的要因、異物への接触、温度変化などさまざまな要因で引き起こされる。I型アレルギーなど肥満細胞が関与する炎症では、肥満細胞から放出されるヒスタミンによってかゆみを生じるが、急性炎症で一般的に認められる徴候ではなく、炎症の5大主徴には含まれていない。

問2 正解 ② 急性炎症では瘢痕化は認められない

　急性炎症は、細胞や組織の傷害・破壊に対する初期反応であり、持続時間は短く、数分から数日の経過をとる。急性炎症の炎症性細胞の主体は好中球である。一方、慢性炎症は、長期（数週間～数年）にわたり炎症反応、組織傷害、修復過程が持続する炎症であり、マクロファージ、リンパ球、形質細胞などの単核細胞浸潤、血管新生と線維化を伴う組織修復を特徴とする。急性炎症の帰結は、その傷害の強さや性質、傷害を受けた部位、傷害因子が除去されるまでの時間などによって異なる。傷害因子が比較的短時間で除去され、炎症による組織破壊が軽度である場合は完全治癒するが、炎症による組織傷害が重度で広範囲に及んだ場合や、再生しない細胞が傷害を受けた場合は、線維化による瘢痕を形成し瘢痕治癒する。また、急性炎症を引き起こした原因が除去されない場合は慢性炎症へと移行する。

問3 正解 ① アレルギー

　細胞傷害を惹起するすべての刺激は炎症を引き起こす原因となる。細胞傷害を引き起こす原因は外因性と内因性に大別され、外因性の原因は、物理的刺激、化学的刺激、感染に分けられ、内因性の原因は、体内産生異物、異常代謝産物、自己免疫反応（アレルギー）に分けられる。物理的刺激には、高温や低温、外傷、放射線などが含まれ、化学的刺激には、塩酸などの一般的な化学物質、ヘビ毒やキノコ毒などの生物がつくり出す物質などが含まれる。アレルギーや自己免疫性疾患などの自己免疫反応は、炎症の内因に分類される。

第7章
免疫異常

一般目標
免疫介在性疾患・アレルギー疾患の原因と病態を理解し、症候、診断基準を理解する。

到達目標
1）免疫反応について説明でき、担当する細胞と役割を説明できる。
2）アレルギー型（Ⅰ～Ⅴ）の分類と特徴を説明できる。
3）自己免疫疾患を説明できる。
4）移植に関する抗原と拒絶反応について説明できる。

キーワード
免疫、自然免疫、獲得免疫、抗原提示細胞、主要組織適合遺伝子複合体（MHC）、補体、オプソニン、Tリンパ球、Bリンパ球、抗原、抗原特異性、自己寛容、免疫記憶、クローン、液性免疫、抗体、細胞性免疫、アレルギー、自己免疫疾患、移植、移植片対宿主病

　免疫とは、自分でないものを撃退し、自己を守ろうとする体の反応のことである。自分でないものを撃退するためには、自分のもの（自己）と自分でないもの（異物）とを区別する仕組みも同時に備えていなければならない。また、自分のものではない異物にもさまざまな種類があるため、それぞれの異物に合わせて撃退方法も効率の良いもので対応していく必要がある。

1. 免疫反応の基本

　免疫反応には、無脊椎動物を含むすべての動物が備えている免疫反応である自然免疫（先天性免疫）と、これよりも少し発展した複雑な免疫反応である獲得免疫（後天性免疫）とに大きく分けることができる。ただし、これらは完全に区別できるものではなく、お互いに強い関わり合いをもっている。いずれの免疫反応においても、中心的に活躍する細胞は白血球（特に好中球、マクロファージ、樹状細胞、リンパ球）である。

自然免疫

　自然免疫（図7-1）は、体に侵入してきた異物を直接認識して、すぐに攻撃へと進むことのできる免疫反応である。生まれながらに備わっている基本的な免疫反応といえる。

動物病理学

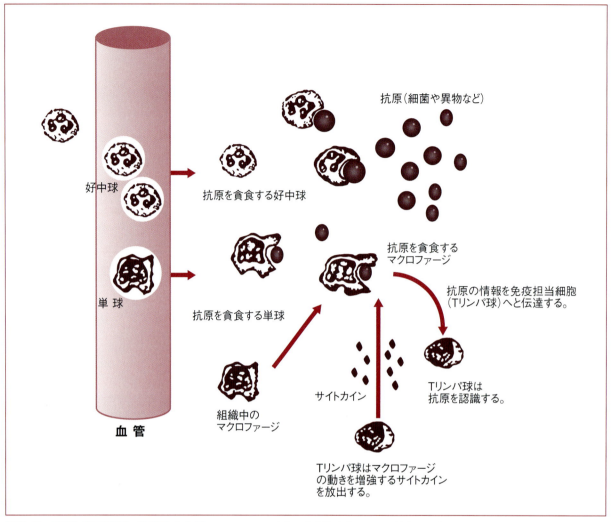

図7-1　自然（先天性）免疫のまとめ　　　出典：小動物臨床のための機能形態学入門、インターズーより引用・改変

1. 食細胞：自然免疫の主役

　自然免疫で活躍する細胞は主に食細胞である。食細胞とは、異物を貪食する細胞であり、代表的なものとしては好中球、マクロファージ、樹状細胞がある。

　好中球は血液中に流れて体中を広くパトロールしており、速やかに異物を発見するとこれを貪食して消化する。マクロファージは、血液ではなく組織中に存在しており、異物を発見するとこれを貪食して消化する。好中球とは異なり、マクロファージは異物を貪食すると、その組織中にやってきたリンパ球（獲得免疫系の細胞）に貪食した異物（抗原）の情報を報告することもできる。樹状細胞も組織中に存在し、異物を発見するとこれを貪食する。さらにリンパ球の待つリンパ節へと移動することができ、ここでリンパ球（Tリンパ球）にMHCクラスⅡを介して抗原情報を提示する。

2. 抗原提示：細胞からTリンパ球への情報伝達

　抗原の情報をリンパ球（Tリンパ球）に伝えることを抗原提示といい、このような細胞を抗原提示細胞と呼ぶ。このリンパ球に抗原提示をするために細胞がもっている分子のことを主要組織適合遺伝子複合体（MHC）という。主に抗原を貪食した食細胞がリンパ球に提示できるのはMHCクラスⅡという分子である。抗原を貪食した食細胞は、MHCクラスⅡに抗原情報を乗せてリンパ球に情

報を伝えるのである。マクロファージよりも抗原提示細胞としての能力に優れた食細胞が樹状細胞である。

さらにマクロファージや樹状細胞などの食細胞は自然免疫系で活躍する細胞であるが、獲得免疫系のリンパ球に抗原提示をすることで、獲得免疫系を始動する役割も担っている。

3. 認　識：異物を察知するセンサー

そもそも食細胞はどうして病原体が来たことを察知することができるのだろうか。自然免疫系の食細胞は、特に細かく異物を見極めているわけではなく、細菌が共通してもっている分子、ウイルスが共通してもっている分子など、それぞれの異物が共通にもっている分子を大まかに認識するシステムを利用している。まず、食細胞自身は、異物を大まかに認識するセンサーをもっている。このようなセンサーもやはり分子でできており、異物が共通してもっている分子を大まかに認識することから、このようなセンサーを特にパターン認識分子と呼んでいる。食細胞が異物を大まかに認識するために発現している代表的なパターン認識分子としては、トール様受容体（Tolllikereceptor：TLR）やC型レクチンがある。

4. 補　体：異物を認識しやすくする

さらに、食細胞が異物を認識しやすいように助けてくれる分子もある。代表的なものとしては補体がある。補体は肝臓で合成され血中に放出される分子であるが、1種類のみを指すものではなく、免疫系の中で同じ働きをし、お互いに関わりあって反応する分子の一群を指している。補体は異物を認識する能力に優れた分子である。ある種の補体が異物表面に付着していると、食細胞はこれを貪食しやすくなる。これは食細胞に補体レセプター（受容体）があるためである。このように食細胞の貪食を助けるために異物に付着する分子をオプソニンといい、このような分子が付着した異物はオプソニン化されたと表現する。補体以外の代表的なオプソニンとしては、C反応性タンパク質（CRP）がある。さらに補体にはオプソニンとしての役割以外にも、補体自身が細菌などの病原体に穴をあけて死滅させる能力をもっている。補体のように病原体を認識して直接攻撃することができる分子には、この他にもリゾチーム、抗菌ペプチドなどが知られている。

■ 獲得免疫

自然免疫は、異物を直接認識してすぐに攻撃へと進むことのできる基本的な免疫反応であるが、異物の認識は大まかで、自然免疫の網をかいくぐって体内に潜入し、襲撃を続ける病原体も出てくる。そうなるとより細かく異物を判別し、それを長く記憶し、高い攻撃力をもって、繰り返し戦うことのできる免疫系が必要になってくる。そこで活躍するのが獲得免疫（図7-2）の働きである。

獲得免疫は、脊椎動物に固有の免疫系である。無脊椎動物を含むすべての動物に生まれつき備わっている自然免疫とは異なり、異物ごとの刺激に応じて後天的に形成されていく免疫系である。獲得免疫で活躍する細胞は主にリンパ球である。さらにリンパ球はTリンパ球（T細胞）とBリンパ球（B細胞）に分類され、それぞれの役割は大きく異なっている。リンパ球の活躍する獲得免疫の特徴は以下の4つに大きく分けて考えることができる。

1. 抗原特異性：1つのリンパ球が1種類の抗原を認識

自然免疫では、それぞれの異物に共通している分子を大まかに認識していたが、獲得免疫では、個々の異物を非常に細かく識別して攻撃することができる。免疫において、細かく識別されて攻撃される異物のことを抗原、個々の異物を細かく識別できる能力のことを抗原特異性と呼ぶ。抗原を

動物病理学

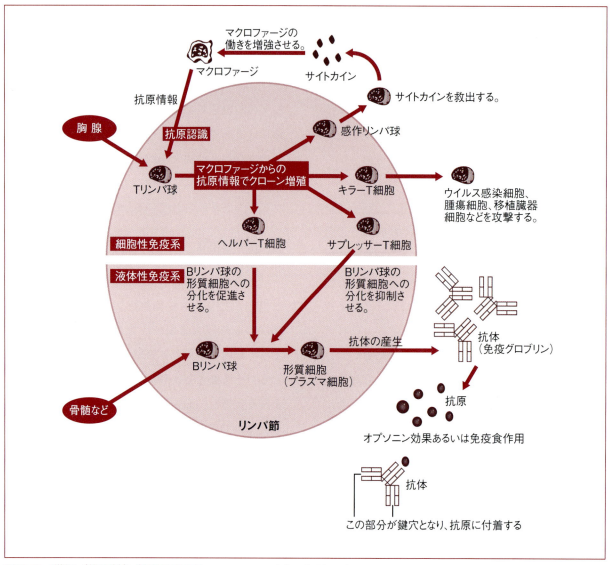

図7-2　獲得（後天性）免疫のまとめ　　　出典：小動物臨床のための機能形態学入門、インターズーより引用・改変

細かく識別するためのセンサーを抗原レセプターと呼び、獲得免疫系で活躍するリンパ球の表面に発現している。1つのリンパ球は1種類の抗原レセプターを発現しているため、このようなリンパ球はさまざまな抗原の中から、自身の抗原レセプターにぴたりと結合できる1種類の抗原を特異的に認識することができるのである。

2. 多様性：あらゆる抗原に対してリンパ球を用意

非常に多くの種類の抗原の中から、たった1種類の抗原とぴたりと結合できる抗原レセプターをもったリンパ球は、どのように作られているのだろうか。

獲得免疫系をもつ哺乳動物では、Tリンパ球は胸腺で、Bリンパ球は骨髄で産生されている。胸腺は、胸腺上皮細胞でできたスポンジのような構造の中に、胸腺細胞というTリンパ球のもとになる細胞がぎっしりと詰まった構造をしている。この胸腺細胞の前駆細胞は、骨髄から胸腺に移住してくると考えられている。胸腺細胞は胸腺の中で増殖し、さらに成長（分化）しながら教育を受け、Tリンパ球としての能力を身につけるようになる。この胸腺での教育課程において、抗原レセプター遺伝子の組換え（遺伝子再構成）が進み、

非常に多様な組み合わせの抗原レセプター遺伝子がつくられることで、個々に特異的な抗原レセプターをもった膨大な種類のTリンパ球が生み出されるのである。Bリンパ球も同様の教育を骨髄で受けている。Bリンパ球は骨髄の中で成長（分化）しながら教育を受け、同じく抗原レセプターの遺伝子再構成が進み、非常に多くの特異的な抗原レセプターをもったBリンパ球が生み出されている。このように膨大な種類の抗原レセプターを用意しておくことで、あらゆる抗原に対する免疫反応性を備えていることを多様性という。

3. 自己寛容：自分の成分は攻撃しない

　前述のように、Tリンパ球は胸腺で、そしてBリンパ球は骨髄において、獲得免疫系で活躍する細胞としての教育を受け、遺伝子再構成によって多様な抗原レセプターを特異的に身に着けた個々のリンパ球が産生されている。この教育の中で、リンパ球はもう1つ大切なことを学習する必要がある。それは自分を攻撃しないというものである。本章のはじめに述べたように、免疫とは自分でないものを撃退し守ろうとする体の反応のことであり、自分のもの（自己）と自分でないもの（非自己）とを区別する能力を備えていなければならないのである。遺伝子再構成により多様な抗原レセプターを発現させる中で、Tリンパ球とBリンパ球が胸腺と骨髄において、自分の成分（自己抗原）を攻撃するレセプターをもってしまう可能性がある。このような自己反応性細胞は、胸腺および骨髄での教育課程で発見され、排除される仕組みになっている。このようにして自分の成分を攻撃しない免疫の仕組みを自己寛容（自己免疫寛容）という。

4. 免疫記憶：2度目の免疫は速くて、強い

　前述のように、リンパ球は胸腺や骨髄で分化し成熟した後、血液中を流れていき、主に各所のリンパ節や脾臓で働くことになる。このようにリンパ球が産生され、教育を受け、分化する胸腺や骨髄のことを一次リンパ器官、ここを出た成熟リンパ球が実際に免疫反応を行うリンパ節や脾臓のことを二次リンパ器官と呼ぶ。二次リンパ器官において、Tリンパ球やBリンパ球は、ここにやってくるさまざまな抗原に出会うこととなる。まだ抗原と出会ったことのないリンパ球をナイーブTリンパ球、ナイーブBリンパ球と呼ぶ。その後、自分の抗原レセプターとぴたりと結合する抗原に出会ったナイーブリンパ球は、刺激を受けて活性化し、増殖を始める（一次免疫応答）。この活性化したリンパ球を活性化Tリンパ球、活性化Bリンパ球と呼ぶ。この増殖は、ぴたりと結合できる抗原と出会った1個のリンパ球からまったく同じ抗原レセプターをもった細胞のみが増殖する。このように、1個の細胞に由来する同じ遺伝情報をもった細胞集団をクローンと呼ぶ。獲得免疫では、同じ抗原レセプターをもったリンパ球のクローンをつくることにより、より多くの抗原を処理することができるようになる。さらにこのクローンは、この免疫反応の記憶をもったままリンパ節などに生息する。このように一度目の免疫反応の記憶をもって潜んでいるリンパ球をメモリーTリンパ球、メモリーBリンパ球と呼ぶ。これらのリンパ球が再び同じ抗原と出会った場合にはすぐに活性化リンパ球となり、一度目のときよりもより迅速に効率よく反応して抗原を処理することができる（二次免疫応答）。あたかも一度目を記憶しているかのように、抗原と二度目に出会ったときのほうがより迅速に対応できる。このような免疫反応を免疫記憶と呼んでいる。

■ 病原体を処理する免疫反応の概要

1. 細胞性免疫：食細胞が感染細胞を攻撃する

　ここでは、病原体として細菌が侵入してきた場合を例にして、実際にどのように免疫反応が進んでいくのかをみていこうと思う。例えば、けがをした皮膚から細菌が侵入しようとした場合、まず

は自然免疫系の細胞が活躍する。まず、食細胞である好中球、マクロファージ、樹状細胞がパターン認識分子によって細菌を発見し、貪食する。このうち樹状細胞は、その抗原情報をもって皮膚からリンパ管を通じてリンパ節へと移動し、そこでTリンパ球にMHCクラスⅡを介して抗原提示する。つまり、獲得免疫系を始動させる。この時に樹状細胞から情報を受け取る働きをするTリンパ球は、特にヘルパーTリンパ球と呼ばれる細胞である。ヘルパーTリンパ球はナイーブな状態から活性化された状態になり、クローンを増殖する。このヘルパーTリンパ球のクローンの一部は、外傷を受け細菌が侵入している皮膚へと移動する。そこには細菌を貪食することで撃退しようとしているマクロファージがいる。細菌を貪食したマクロファージは、やってきたヘルパーTリンパ球にMHCクラスⅡを介して細菌情報を抗原提示する。するとヘルパーTリンパ球は再び活性化し、抗原提示したマクロファージを活性化する。これにより活性化したマクロファージは増殖を始め、この細菌を貪食して処理する反応が高まっていく。この食細胞を中心に起こる反応を細胞性免疫と呼んでいる。

(1) 細胞性免疫に関わる特殊な免疫細胞
① キラーT細胞とナチュラルキラー(NK)細胞
　細菌などの病原体の場合、自然免疫が即座に発動するが、ウイルスのような非常に微小で細胞内に入り込んで感染するような病原体では、自然免疫系の細胞がこれを見逃して、細胞が感染してしまう可能性がある。このような細胞内にウイルスなどが感染した細胞では、細胞内の抗原情報を細胞外に引っ張り出してTリンパ球に提示するセンサーとして、MHCクラスⅠという分子を発現している。MHCクラスⅡが主に食細胞であるマクロファージ、樹状細胞、そしてBリンパ球などに限定して発現しているのに対して、MHCクラスⅠはほとんどすべての細胞に発現している分子である。よって、細胞内で増殖するウイルスが感染したり、傷害を受けた細胞の中に異常なタンパク質が形成された場合、その細胞がMHCクラスⅠを介して細胞内に抗原があるという情報をBリンパ球に抗原提示することができる。なお、このとき抗原提示を受けるTリンパ球はヘルパーTリンパ球ではなく、キラー(細胞障害性)Tリンパ球と呼ばれるものである。キラーTリンパ球は、MHCクラスⅠを介して抗原情報を提示された細胞を直接殺傷することができる。このような抗原提示を受けたキラーTリンパ球はクローンを産生し、さらに多くの感染細胞を処理することができるようになる。

　しかし、病原体の中にはこのようなキラーTリンパ球の攻撃をかわすために、感染した細胞がMHCクラスⅠを発現できないようにするものも現れてくる。このような異常な細胞を見つけて殺傷する細胞としてナチュラルキラー(NK)細胞が存在する。ナチュラルキラー細胞は、自然免疫系に属する特殊な大型のリンパ球で、細胞傷害性のある顆粒を含んでおり、キラーTリンパ球が発見できないような感染細胞やがん細胞などを発見し、殺傷することができる。

2. 液性免疫：抗体が感染細胞を攻撃する
　一方、抗原がリンパ管を通してリンパ節にまで流れていき、この抗原とぴたりと結合できる抗原レセプターをもったナイーブBリンパ球と出会うと、抗原レセプターによって抗原は補足され、活性化Bリンパ球となる。この活性化Bリンパ球は、補足した抗原を貪食し、MHCクラスⅡを介してヘルパーTリンパ球に抗原提示することができるのである。活性化Bリンパ球に抗原提示されたヘルパーTリンパ球は、再び活性化し、このBリンパ球にこの抗原を特異的に攻撃する分子を作るように指令を出す。このBリンパ球が作

り出す、抗原を特異的に攻撃できる分子のことを抗体（免疫グロブリン）と呼んでいる。この抗体は液体に溶けることのできる可溶性分子であり、抗体を作り出すこのような免疫反応のことを液性免疫と呼んでいる。抗体はBリンパ球から放出されると血液を通して体中を巡り、細菌や細菌が放出した毒素に出会うとこれを殺傷あるいは無毒化したり、オプソニンとしてこれらに付着することで食細胞の貪食を促す働きをする。このように、抗原提示を受けて活性化したヘルパーTリンパ球や、Tリンパ球に指令を出されて抗体産生をするようになったBリンパ球は、細菌が処理された後もメモリーTリンパ球、メモリーBリンパ球としてリンパ節などに潜伏し、2度目の感染に備えて待機する。

2. 免疫異常による疾患

免疫反応の異常によって起こる疾患としては、アレルギー性疾患や自己免疫疾患などがある。これらは外来異物あるいは自己の成分に対する異常な免疫反応によって発症する。

■ アレルギー（過敏症）

アレルギーは、その発症機序の違いから大きく4つの型に分類されている（表7-1）。これをGell（ゲル）とCoombs（クームス）の分類という。

1. Ⅰ型アレルギー

Ⅰ型アレルギーは、4つの型の中で最も発症までの時間が短い反応であり、即時型アレルギー、あるいはアナフィラキシー型アレルギーとも呼ばれる。一般に「アレルギー」と呼ばれている疾患は、このⅠ型アレルギーが関与する疾患を指す。Ⅰ型アレルギーでは、あるひとつの抗原に対して特異的なIgE抗体が産生され、このIgEはマスト細胞（肥満細胞）に結合する。マスト細胞は、細胞内にヒスタミンやロイコトリエンなどのケミカルメディエーターを多く内包している炎症細胞のひとつである。抗原特異的IgEがこのマスト細胞に結合した状態は次の免疫反応を起こしやすい状態、すなわち感作された状態といえる。また、

表7-1 アレルギーの分類

型			反応に関与するもの	反応に関連する疾患と反応
Ⅰ型 （即時型アレルギー、アナフィラキシー型アレルギー）	即時型	液性免疫反応	IgE、マスト細胞	アトピー、じんま疹、アレルギー性気管支炎（猫の喘息）、アナフィラキシーショック
Ⅱ型 （細胞傷害型アレルギー）	即時型	液性免疫反応	IgG、IgM、補体	自己免疫性溶血性貧血、免疫介在性血小板減少症、リンパ球性甲状腺、天疱瘡群、円形脱毛症
Ⅲ型 （免疫複合体型アレルギー）	即時型	液性免疫反応	免疫複合体、IgG、IgM、補体	糸球体腎炎、SLE、アルサス反応
Ⅳ型 （遅延型アレルギー）	遅延型	細胞性免疫反応	Tリンパ球（メモリーTリンパ球）	アレルギー性接触性皮膚炎、移植拒絶反応、ツベルクリン反応

I型アレルギーにおいてIgEの産生を促す抗原をアレルゲンという。感作が成立した体に、再び同じアレルゲンが侵入してくると、マスト細胞に結合したIgEとアレルゲンが反応して、マスト細胞が脱顆粒、つまり細胞内のケミカルメディエーターを放出する。これがすぐにさまざまな炎症反応を引き起こすため、短時間（15～30分）のうちにさまざまな症状（血管拡張、浮腫、かゆみなど）が発現する。

I型アレルギー反応が大きく関わっている疾患には、アトピー、じんま疹、花粉症、アレルギー性気管支炎（猫の喘息）、アナフィラキシーショックなどが含まれる。またI型アレルギー反応を利用した検査としては、皮内反応試験、血清特異的IgE抗体検査などがある。

2. II型アレルギー

II型アレルギーは、抗体が自己の細胞を抗原と認識して結合し、細胞を傷害する反応であり、細胞傷害型アレルギーとも呼ばれる。II型アレルギーにおいて、自己の細胞に対して産生される抗体は自己抗体と呼ばれ、主にIgGあるいはIgMからなる。自己の細胞を抗原と認識して自己抗体を産生してしまう原因はよくわかっていないが、感染、炎症、薬物などがきっかけとなる可能性が知られている。II型アレルギーにおける細胞傷害の機序はさまざまであるが、自己の細胞に自己抗体が結合することで補体が活性化され、補体自体の作用によって細胞溶解反応が起こることがある（例：自己免疫性溶血性貧血）。また、自己抗体が結合した細胞を、細胞破壊能力のあるNK細胞などの細胞が発見して、細胞傷害を起こすこともある（例：リンパ球性甲状腺炎）。あるいは、アセチルコリン（神経伝達物質）のレセプター（受容体）をもつ細胞に対し、このレセプターを自己抗原と認識して自己抗体が結合した場合、この細胞に作用するはずのアセチルコリンが作用しにくくなる（例：重症筋無力症）。

II型アレルギー反応が大きく関わっている疾患には、臓器特異的自己免疫疾患が多く含まれ、これには自己免疫性溶血性貧血（AIHA）、免疫介在性血小板減少症（ITP）、リンパ球性甲状腺炎、天疱瘡群、円形脱毛症などが含まれる。II型アレルギー反応を利用した検査としては、Coombs（クームス）試験、特異的抗体測定（例：抗サイログロブリン抗体測定）などが含まれる。

3. III型アレルギー

III型アレルギーは、抗原と抗体が結合してできる免疫複合体が補体を活性化し、免疫複合体と補体の関与によって細胞傷害が引き起される反応である。この場合の抗体は、主にIgGあるいはIgMとされる。血中で抗原と抗体の結合反応が起こり免疫複合体が生じると、これが補体を活性化し、免疫複合体と補体を介したさまざまな炎症反応が引き起こされる。例えば、血中に産生された免疫複合体が血管内に沈着することで血栓形成を促進し、補体の応援を受けて血管が傷害される。あるいは、血管外に漏出した免疫複合体が組織内に沈着し、やはり補体の応援を受けて組織が傷害される。

III型アレルギー反応が大きく関わっている疾患には、糸球体腎炎などがある。またIII型アレルギー反応を利用した検査には、Arthus（アルサス）反応などがある。

4. IV型アレルギー

IV型アレルギーは、4つの型の中で最も発症までの時間が長い反応であり、遅延型アレルギーとも呼ばれている。I～III型アレルギーが、何らかの抗体を介した液性免疫反応を主体として起こるのに対し、IV型アレルギーは主にTリンパ球の関与による過剰な細胞性免疫反応によって発症する。感染によって病原体などの抗原が侵入した場合、抗原提示細胞によって抗原提示を受けたTリンパ球は、この情報を記憶したメモリーTリン

パ球となる。次に同じ抗原が侵入したときに、メモリーTリンパ球が司令塔となって、抗原が侵入した局所の細胞性免疫反応が誘発される。

Ⅳ型アレルギー反応が大きく関わっている疾患には、アレルギー性接触皮膚炎、移植の拒絶反応（移植片対宿主病；GVHD）、結核などが含まれる。Ⅳ型アレルギー反応を利用した検査としては、パッチテスト（貼付試験）、リンパ球刺激試験、ツベルクリン反応などが含まれる。

■ 自己免疫疾患

自己免疫疾患とは、免疫細胞が自己の成分を攻撃することで、さまざまな組織傷害を引き起こす疾患の総称である。特定の臓器に特異的に発症する臓器特異的自己免疫疾患と、全身性に発症する全身性自己免疫疾患に大別することができる。

臓器特異的自己免疫疾患は、何らかのきっかけにより、特定の臓器に存在する特定の成分を自己抗原として認識し、これに対する自己抗体が産生され、自己抗原に対して自己抗体が反応する、すなわち自己免疫反応が生じることで、組織傷害が誘発される（表7-2）。一方、全身性自己免疫疾患は、全身性に広く分布する何らかの成分を抗原とするため、結果的に多くの臓器を標的として全身性の組織傷害を生じる疾患である。このように自己免疫疾患は、臓器特異的自己免疫疾患と全身性自己免疫疾患に大別することはできるが、これらの区別が明確でない疾患も多い。自己免疫疾患の多くは、Ⅱ型アレルギーやⅢ型アレルギーが関わっていると考えられているが、その反応を特定のアレルギー型のみで説明することは困難である。自己免疫疾患であることが疑われているが、自己抗原が不明なもの、自己免疫以外にも別の免疫反応が関わっていると考えられる疾患、病原体などをきっかけとして異常な免疫反応が誘発されてしまう疾患など、さまざまな免疫反応の異常によって生じる疾患を免疫介在性疾患と総称している。

表7-2 自己免疫疾患のまとめ

標的臓器	自己免疫疾患	疑われる自己抗原	主な免疫学的検査	主な関与が疑われるアレルギー型
全身性	全身性エリテマトーデス	細胞核成分	抗核抗体測定	Ⅲ型
関　節	多発性関節炎	滑膜成分？	リウマチ因子測定	Ⅲ型
血　液	自己免疫性溶血性貧血	赤血球成分	クームス試験	Ⅱ型
血　液	免疫介在性血小板減少症	血小板成分	抗血小板抗体測定	Ⅱ型
神経筋	重症筋無力症	アセチルコリン受容体	抗アセチルコリン受容体抗体測定	Ⅱ型
甲状腺	リンパ球性甲状腺炎	甲状腺細胞	抗サイログロブリン抗体測定	Ⅳ型
皮　膚	円形脱毛症	毛根細胞	免疫蛍光染色	Ⅱ型
皮　膚	天疱瘡群	表皮細胞間接着分子	免疫蛍光染色	Ⅱ型
腎　臓	糸球体腎炎	糸球体成分	免疫蛍光染色	Ⅲ型

3. 移植における免疫反応

　同じ動物種の別の個体から受ける移植を同種移植といい、移植片を提供してくれる個体をドナー、移植を受ける個体をレシピエント（宿主）と呼ぶ。ドナーの移植片がレシピエントにうまく移植できない場合、この拒絶反応は主にTリンパ球によって起こっている。これは移植片がレシピエントにとって非自己の成分であるために起こる反応である。Tリンパ球が、非自己の成分を何で判別しているかといえば、移植片の細胞表面に現れているMHC分子である。MHC分子はあらゆる細胞表面に存在しているが、個体ごとに少しずつ異なっている。この違いをTリンパ球が見分けることで、自己の細胞と非自己の細胞を識別し、非自己の細胞に対して拒絶反応が起きてしまう。よって、移植を行う場合には、レシピエントのMHC分子とよく似たMHC分子をもつドナーから提供を受けることが望まれる。

　一方、移植された臓器に含まれるドナー側のTリンパ球が、レシピエント側の臓器を標的として攻撃することにより、組織傷害を起こすことがある。これを移植片対宿主病（GVHD：Graft-versus-Host Disease）と呼んでいる。本来、レシピエント側の免疫状態が正常であるならば、移植された臓器に含まれる免疫細胞はすぐに攻撃され、拒絶反応が重症化することはない。しかし、特にレシピエント側が何らかの免疫不全状態にある場合では、移植された臓器に含まれる免疫細胞を速やかに排除することができず、この免疫細胞によるレシピエント側への攻撃が続き、レシピエントの組織が傷害されるのである。

参考図書

高津聖志、清野宏、三宅健介 監訳（2009）：免疫学イラストレイテッド 第7版、南江堂、東京．
河本宏 著（2011）：実験医学別冊もっとよく分かる！免疫学、羊土社、東京．
古澤修一、保田昌宏、多田富雄 監訳（2011）：イラストでみる獣医免疫学 第7版、インターズー、東京．
森尾友宏、谷口正美、安部正敏他 監修（2009）：病気がみえる Vol.6 免疫・膠原病・感染症、メディックメディア、東京．
長谷川篤彦、辻本元 監訳（2011）：スモールアニマル・インターナルメディシン 第4版、インターズー、東京．

第7章　免疫異常　演習問題

問1 体に侵入してきた異物を直接認識してすぐに攻撃へと進むことのできる、生まれながらに備わっている免疫反応を以下からひとつ選べ。

① 獲得免疫
② 記憶免疫
③ 完全免疫
④ 自己免疫
⑤ 自然免疫

問2 Ⅰ型アレルギー（過敏症）反応とは関係のないものを以下からひとつ選べ。

① マスト細胞
② ナチュラルキラー細胞
③ IgE
④ アナフィラキシー
⑤ アレルゲン

問3 以下の自己免疫疾患とその自己抗原との組み合わせにおいて、誤ったものをひとつ選べ。

① 全身性エリテマトーデス—細胞核成分
② 免疫介在性溶血性貧血—血小板
③ 天疱瘡群—表皮角化細胞接着因子
④ 重症筋無力症—アセチルコリン受容体
⑤ 糸球体腎炎—糸球体成分

動物病理学

解 答

問1 正解 ⑤ 自然免疫

　免疫反応は、大きく2つに分けられる。体内に侵入してきた異物を直接認識して、すぐに攻撃へと進むことができる自然免疫（先天性免疫）と、少し発展した複雑な反応をする獲得免疫（後天性免疫）である。自然免疫は、無脊椎動物を含むすべての動物に生まれながらに備わっている基本的な免疫反応である。獲得免疫は自然免疫とは異なり、異物ごとの刺激に応じて後天的に形成されていく免疫反応である。

問2 正解 ② ナチュラルキラー細胞

　Ⅰ型アレルギーは、4つの型の中で発症までの時間が最も短い反応である。即時型アレルギー、またはアナフィラキシー型アレルギーとも呼ばれている。Ⅰ型アレルギーでは、あるひとつの抗原に対して特異的なIgE抗体が産生され、このIgEがマスト細胞（肥満細胞）と結合する。この状態は次の免疫を起こしやすい状態、すなわち感作された状態という。マスト細胞と結合したIgEはアレルゲンと反応することによって炎症反応を引き起こし、短時間のうちにさまざまな症状を発現させる。また、アレルゲンとは、Ⅰ型アレルギーにおいてIgEの産生を促す抗原のことを指す。

問3 正解 ② 免疫介在性溶血性貧血－血小板

　自己免疫疾患とは、免疫細胞が自己の成分を攻撃することで、さまざまな組織傷害を引き起こす疾患の総称である。特定の臓器に特異的に発症する臓器特異的自己免疫疾患と、全身性に発症する全身性自己免疫疾患に大別することができるが、これらの区別が明確でない疾患も多い。自己免疫疾患の多くは、Ⅱ型アレルギーやⅢ型アレルギーが関わっていると考えられているが、その反応を特定のアレルギー型のみで説明することは困難である。
　免疫介在性溶血性貧血は、抗体や補体などの免疫細胞が関与して赤血球を破壊するものである。

第8章
腫　瘍

一般目標
細胞の増殖・分化の機構と、それらの異常、腫瘍の定義と分類、発生機序、病態を理解する。

到達目標
1）腫瘍の定義と分類について説明できる。
2）腫瘍の転移様式と進行について説明できる。
3）腫瘍と宿主との関係、お互いへの影響について説明できる。
4）腫瘍の原因をあげて、発生に関する機序を説明できる。
5）動物の代表的な腫瘍の特徴を説明できる。

キーワード
異型性、細胞異型、構造異型、分化度、上皮性腫瘍、非上皮性腫瘍、良性腫瘍、悪性腫瘍、癌腫、肉腫、上皮内（粘膜内）癌、浸潤癌、早期癌、進行癌、膨張性（圧排性）増殖、浸潤性増殖、転移、原発巣、リンパ行性転移、血行性転移、播種、再発、機能障害、悪液質、腫瘍免疫、化学的因子、発癌物質、物理学的因子、放射線、生物学的因子、腫瘍ウイルス、単クローン性増殖、多段階発癌、癌遺伝子、癌抑制遺伝子、実質、間質

1. 腫瘍の定義

　Willis R. A. の定義（1952）では、腫瘍（tumor, neoplasma）は異常な組織の塊であり、その成長は過剰で、正常組織の成長に調和せず、その変化を引き起こした刺激が停止した後もひたすら過剰に成長を続ける。

　正常細胞は周りの細胞とコミュニケーションをとりながら、調和のとれた発育をする。すなわち外界からの増殖刺激に応じて増殖し、刺激がなくなると増殖が停止する。しかし、腫瘍化した細胞は増殖刺激が止んでも増殖する能力を獲得し、無目的な自己増殖（自律性増殖）を引き起こす。悪性腫瘍では、腫瘍細胞の無秩序な増殖によって自己の正常細胞が破壊され、機能障害が引き起こされて、最後には個体を死に至らしめる。

2. 腫瘍の形態学的特徴

■ 腫瘍の肉眼的形態

　表皮や消化管など、表面をもった器官にできた腫瘍の肉眼的特徴には、表面から空間へ向かって発育する突出と、基底面側に向かって発育する浸潤などがある。外方への突出は隆起状、乳頭状、カリフラワー状、ポリープ状などの発育形態をとる（図8-1A）。潰瘍を形成する場合も多い（図8-1B）。肝臓などの充実性臓器では結節、囊胞状、浸潤などの形態を示す（図8-1C）。

　腫瘍細胞の周りでは、腫瘍細胞によって誘導された線維芽細胞がコラーゲン線維を産生し、線維性結合組織（間質）を形成するが、上皮性腫瘍において、腫瘍細胞が充実性に増殖し間質が少ない腫瘍は柔らかく（髄様癌）、間質が多くその間に腫瘍細胞が散在するような腫瘍は硬い（硬癌）。

■ 腫瘍の組織学的形態

　腫瘍細胞の形態の特徴を表す表現として、異型性と分化度がある。

1. 異型性

　成熟した母細胞からの形態的な隔たりをいい、悪性腫瘍ほど異型性が強い。個々の細胞の形態異常を細胞異型、組織配列の異常を構造異型という。

(1) 細胞異型（図8-2）
- 細胞あるいは核の大小不同および多形性。
- 細胞質（cytoplasm）に対する核（nucleus）の割合（N/C比）の増加。
- 核クロマチンの増加。
- 核小体の増大と増加。
- 核分裂の増加と異常核分裂の出現。

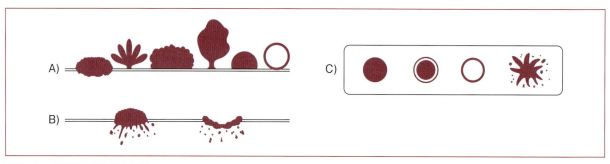

図8-1　腫瘍の肉眼的形態
A) 外方への突出：左から順に隆起状、乳頭状、カリフラワー状、ポリープ状、腫瘤状、囊胞状
B) 浸　潤：左から隆起状で浸潤している、潰瘍状で浸潤している
C) 実質臓器：左から順に結節（被膜がない）、結節（被膜がある）、囊胞状、浸潤
　出典：「酒井洋樹：腫瘍、動物病理学総論（日本獣医病理学会 編）、第3版、P190、2013、文永堂出版」より許諾を得て転載．

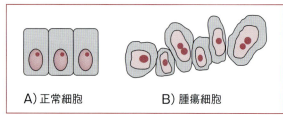

図8-2　腫瘍の細胞異型

図8-3　腫瘍の構造異型
腺管を形成する発生母組織の腫瘍で認められる構造異型。

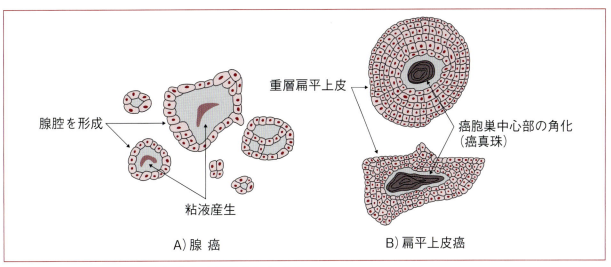

図8-4 高分化型の腫瘍 腺癌（A）と扁平上皮癌（B）
高分化な癌では、発生母組織に類似した特徴が認められる。

(2) 構造異型（図8-3）

正常細胞では、周りの細胞と調和のとれた発育をするのに対し、腫瘍細胞では無秩序に増殖するため、調和のとれた組織配列がみられない。そのため、組織構築の乱れと極性の喪失（配列の乱れ）などの構造異型（組織異型）が生じる。構造異型では、発生母組織の組織構築をよく模倣しているものを低異型性、大きくかけ離れているものを高異型性という。

2. 分化度

腫瘍細胞あるいは腫瘍組織の形態が、その発生母細胞あるいは母組織に類似している度合いを表わす。類似する程度によって、高分化、中分化、低分化、未分化と分類され、類似しているものを高分化（分化度が高い）、あまり類似していないものを低分化（分化度が低い）という（図8-4）。

正常細胞では各細胞が担うべき機能を果たすべく、成熟した特徴的な細胞形態を示す。これを分化というが、腫瘍細胞ではこの過程が障害されて、分化機能が低下する。これを脱分化という。正常な分化機能の発揮には実質細胞どうしの接着や間質との相互作用が関与するが、腫瘍ではこの相互作用に障害があり、分化機能が発揮しにくい状態にある。一般に腫瘍の悪性度が高くなるほど、腫瘍の分化度は低くなる。

3. 腫瘍の分類と命名

■ 発生した臓器や発生母細胞による分類

腫瘍が発生した臓器や部位によって「胃癌」、「皮膚腫瘍」、「軟部腫瘍」のように分類される。また、発生母細胞によって、上皮細胞に由来する上皮性腫瘍と、上皮細胞以外の母細胞に由来する非上皮性腫瘍に分けられ、2種以上の組織成分からなる腫瘍は混合腫瘍という。同じ上皮性腫瘍でもさらに発生母細胞によって分類され、例えば腺構造をもった悪性腫瘍は腺癌、扁平上皮の特徴を示す悪性腫瘍は扁平上皮癌という。

表8-1 良性腫瘍と悪性腫瘍の比較

		良 性	悪 性
肉眼的	発育の形式・速さ	膨張性（圧排性）、遅い	浸潤性、速い
	転移・再発	少ない	多い
	全身への影響	ほとんどない	著しい（悪液質）
病理組織学的	異型性	弱い（低い、少ない、軽い、乏しい）	強い（高い、著しい）
	分化度	高分化	高分化から未分化
	核分裂像	少ない	多い（異常な分裂像）
	母細胞固有機能	保持することが多い	喪失することが多い
	変性・壊死・出血	ほとんどない	しばしば強い

表8-2 腫瘍の名称

	上皮性			非上皮性		
	分類名称	接尾語	例	分類名称	接尾語	例
良性	良性上皮性腫瘍	－腫 -oma	腺腫 adenoma	良性非上皮性腫瘍	－腫 -oma	線維腫 fibroma
悪性	悪性上皮性腫瘍	－癌（腫） -carcinoma	腺癌 adenocarcinoma	悪性非上皮性腫瘍	－肉腫 -sarcoma	線維肉腫 fibrosarcoma

*非上皮性の悪性腫瘍は、悪性であっても－肉腫ではなく、（悪性）リンパ腫、悪性黒色腫といったように、（悪性）－腫（-ome）とよばれるものも多い。

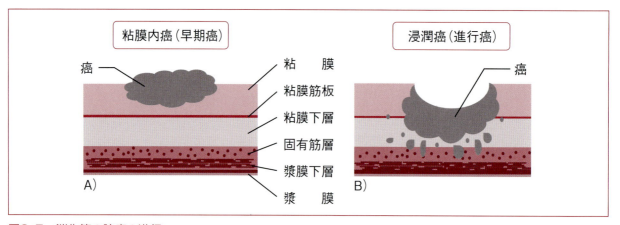

図8-5 消化管の腺癌の進行

■ 悪性度による分類

　腫瘍は生物学的性状によって、良性腫瘍と悪性腫瘍に分類される（表8-1）。良性腫瘍は増殖が穏やかで基本的には宿主への影響も少ないが、悪性腫瘍は強い破壊性と転移性を起こし、宿主に重大な影響を与え、死に至らしめる。脳腫瘍など、骨に囲まれた空間で発生した腫瘍は、良性であっても周囲への圧排によって重篤な機能障害を与えることがある。

　腫瘍はその発生母細胞による分類（上皮性と非上皮性）と悪性度による分類（良性と悪性）の組み合わせにより、基本的に表8-2のように命名される。

■ 分化度による分類

分化度によって、高分化、中分化、低分化、未分化と分類され、例えば腺癌の場合は、正常の腺組織に類似するものは高分化型腺癌、腺管構造が癒合するなど不完全な構造を示すものは中分化腺癌、腺管をほとんど構成していないものは低分化腺癌と分類される。未分化型の腫瘍では発生母細胞あるいは母組織と類似性が認められず、転移巣では、原発腫瘍の確定が困難な場合がある。

■ 広がりの程度による分類

悪性上皮性腫瘍（癌腫）のうち、腫瘍細胞が粘膜内や上皮内にとどまっているものを粘膜内癌あるいは上皮内癌という（図8-5A）。一方、粘膜や上皮を超えて腫瘍細胞が広く浸潤したものは浸潤癌とよばれる（図8-5B）。早期癌は発生局所にとどまりまだ進行していない癌であり、治療が良好で、初期癌ともいう。早期癌の程度を超えて進行した癌を進行癌という。早期癌は治療後の予後が良好な癌であり、早期癌と進行癌の定義は腫瘍が発生した臓器によって異なる。癌が著しく進展し、治療による改善がきわめて低いと判断されるものを末期癌という。

4. 腫瘍の増殖

腫瘍は自律性に増殖をしつづけるが、その増殖様式は、良性腫瘍と悪性腫瘍で異なっている。浸潤と転移は悪性腫瘍の特徴である。

■ 局所の増殖

良性腫瘍は局所に限局して膨張性（圧排性）に増殖し、線維性被膜によって被包されることも多い（図8-6）。そのため、周囲組織との境界が明瞭である。一方、悪性腫瘍は周囲の組織を破壊しながら浸潤性に増殖し、被包されないことが多いため、周囲組織との境界は不明瞭である。

■ 転　移

転移とは、腫瘍細胞がもとの病巣（原発巣）から離れたところに達し、そこで新たな病巣（転移巣）を形成することをいう（図8-7）。経路によって、リンパ行性転移、血行性転移、播種に分けられる。

1. リンパ行性転移

リンパ管に侵入した腫瘍細胞が、リンパの流れにのって所属リンパ節、あるいは離れた部位に新

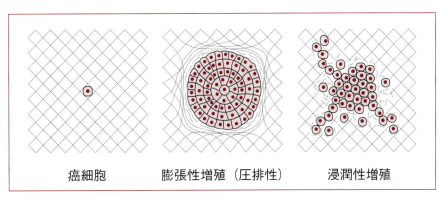

図8-6　腫瘍の発育形式

動物病理学

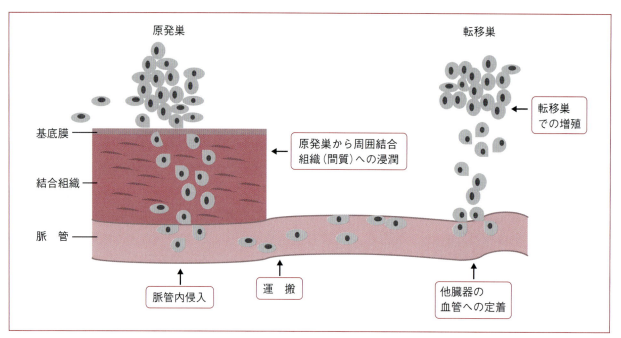

図8-7 腫瘍細胞の遠隔転移
リンパ管では、リンパ節が関所となり、遠隔転移の前に（所属）リンパ節で転移がみつかることが多い。

しい腫瘍増殖巣（転移巣）を作ることをいう。

2. 血行性転移

原発巣の血管に侵入した腫瘍細胞が、血流にのって離れた部位に転移巣を形成することをいう。

胃や腸にできた癌は門脈の流れにのって肝臓に、大循環系の諸臓器、すなわち甲状腺、乳腺、腎、子宮、卵巣などの癌は大静脈から右心室を経て肺に流れ込むため、肝臓と肺には血行性の転移が起こりやすい。

3. 播 種

増殖臓器の漿膜にまで達した腫瘍細胞が、漿膜腔中にあたかも種を播いたかのように広く散布され、多数の小病巣が広がることを播種という。腹腔内では癌性腹膜炎、胸腔内では癌性胸膜炎が起こる。

■ 再 発

原発病巣が手術などの治療により除去されたあと、時間が経過したのちに再び腫瘍が生じることをいう。局所再発といわれる同一部位に生じる場合が多いが、転移性再発も起こりうる。良性腫瘍であっても局所再発は生じることがある。

5. 腫瘍の宿主への影響

1. 局所への影響

腫瘍の増生により、発生臓器では腫瘍塊により周囲の組織や細胞が圧迫され萎縮し、血管系の圧迫による循環障害でさらに変性や壊死に至る。腫瘍の圧迫による影響は、発生部位により異なる。頭蓋内など伸縮性のない腔所では、良性腫瘍であっても深刻な機能障害を引き起こす。

2. 全身への影響

腫瘍の末期では、宿主は体重の減少、やせ、貧血、低蛋白血症、皮膚の着色と乾燥などを伴った、著しく体力が消耗した状態（悪液質 cachexia）となる。腫瘍による全身性機能障害に加え、TNFαなどの因子が共同的に働いて悪液質をもたらすと考えられている。このほか、腫瘍が生理活性物質を産生する機能性腫瘍によって腫瘍随伴症状が生じる場合がある。例えば、肥満細胞腫からはヘパリンやヒスタミンが産生され、消化管潰瘍や血液凝固の遅延を引き起こす。また、下垂体腺腫でACTH（副腎皮質刺激ホルモン）が産生されると、クッシング症候群が起こるなど、内分泌臓器からはホルモン産生腫瘍が生じる。

6. 腫瘍免疫

■ 腫瘍抗原

腫瘍細胞表面に発現し、生体内でそれに対する免疫応答が生じる抗原を腫瘍抗原という。生体はこの腫瘍抗原を認識して細胞を排除するしくみ、免疫学的監視機構を働かせて腫瘍の発生を抑制しているが、腫瘍は抗原の変化、抗原のマスキング、免疫抑制などを行って、宿主の免疫学的監視機構を回避している。

腫瘍抗原に対する抗体や生体の免疫応答を利用した免疫療法は、腫瘍に対する新しい治療として、期待されている。

7. 腫瘍の原因

腫瘍は正常な遺伝子に複数の異常が蓄積されて発生すると考えられている。その遺伝子変異を引き起こす原因には、環境因子（外因）と遺伝的素因などの個体のもつ腫瘍の発生のしやすさ（内因）がある。

■ 腫瘍発生の外因

1. 化学的要因

18世紀、産業革命の時代のイギリスで、煙突掃除夫に陰嚢の皮膚癌が高頻度で発生することが報告された。1915年には山極勝三郎と市川厚一が煙に含まれるタールをウサギの耳に塗布することで腫瘍を実験的に発生させることに世界で初めて成功し、タールの発癌性を証明した。これが、化学発癌の研究の始まりとなった。染料として使用されたアニリン（芳香族アミン）工場における従業員の膀胱癌の多発や、断熱材として使用されたアスベストの暴露による作業員の中皮腫など、ヒトでの職業癌によって発癌性が明らかになった化学物質も多い。

化学的発癌物質として、以下のようなものも知られている。アルキル化剤のシクロホスファミドはDNA合成を阻害し、抗がん剤として化学療法に用いられるが、一方で膀胱癌の誘発にも関係する。多環性芳香族炭化水素はすすやタバコの煙などに含まれ、代表的なものとしてベンツピレン（ベンゾピレン）がある。げっ歯類での動物実験では、ベンツピレンの経口投与や皮膚塗布によって扁平上皮癌の発生が確認されている。天然発癌物質としては、カビ毒（アフラトキシン）が肝臓癌を、ワラビが牛に膀胱癌を引き起こすことが知られている。

2. 物理的要因

(1) 放射線

放射線にはX線や紫外線、また放射性同位元素から放出されるものがある。

ヒトではX線従事者に皮膚癌や白血病、ウラニウム、コバルト、ラジウムの鉱山労働者に肺癌の発生が多いことが知られていた。また、原爆被爆者に癌の発生率が高く、特に骨髄性白血病の発生が報告されている。紫外線の長期暴露により皮膚で扁平上皮癌が発生し、猫においては紫外線に暴露しやすい耳介や、顔面の皮膚炎から扁平上皮癌が多く発生することが知られている。

3. 生物学的要因

腫瘍を発生させるウイルスを腫瘍ウイルス oncovirus という。RNA腫瘍ウイルスとDNA腫瘍ウイルスがある。腫瘍ウイルスは癌遺伝子をもち、その癌遺伝子産物は、細胞増殖亢進、アポトーシスの抑制、形質転換など、感染細胞の発癌を誘導する活性をもつ。レトロウイルス科のRNAウイルスは逆転写酵素をもちRNAを鋳型に形成されたDNAが宿主細胞の遺伝子に組み込まれ、宿主細胞の発癌に関与する。腫瘍ウイルスが関与する腫瘍として表8-3のようなものが知られている。

■ 腫瘍発生の内因

1. 先天性素因

ヒトの家族性腫瘍で知られる、生まれつき腫瘍を発生しやすい個体が有する遺伝子の異常を遺伝的素因という。動物では家族性腫瘍は知られていないが、犬では特定の品種に偏って特定の腫瘍の発生がみられる。例として、バーニーズ・マウンテン・ドッグに高頻度で発生する悪性組織球症

表8-3 動物におけるウイルスによる腫瘍

ウイルス	自然宿主	疾病
RNA腫瘍ウイルス		
レトロウイルス科		
鶏肉腫ウイルス	鶏	肉腫
鶏白血病ウイルス	鶏	白血病・リンパ腫
マウス乳癌ウイルス	マウス	乳癌
マウス白血病ウイルス	マウス	白血病
猫白血病ウイルス	猫	白血病
猫肉腫ウイルス	猫	肉腫
牛白血病ウイルス	牛	白血病
DNA腫瘍ウイルス		
パポーバウイルス科		
乳頭腫（パピローマ）ウイルス属		
牛乳頭腫ウイルス	牛	乳頭腫（タイプによって、皮膚・乳頭・消化管など病型が異なる）
犬口腔乳頭腫ウイルス	犬	乳頭腫（口腔・皮膚）
ショープ乳頭腫ウイルス	ウサギ	乳頭腫
ヘルペスウイルス科		
マレック病ウイルス	鶏	リンパ腫

（組織球性肉腫）がある。

2. 後天性素因

腫瘍によってはその発生にホルモンが影響をする。犬と猫の乳腺腫瘍では、エストロジェンとプロジェステロンの関与が知られており、避妊手術によって乳腺腫瘍の発生が減少することが報告され、避妊の時期と乳腺腫瘍発生の関係について研究がなされている。雄犬では去勢によってアンドロジェンが下がり、肛門周囲腺腫の発生が減少する。

免疫力も腫瘍発生に大きく影響し、腫瘍を排除する免疫力の低下によって、腫瘍の発生は増加する。猫では、猫免疫不全ウイルス（FIV）感染およびFIVと猫白血病ウイルス（FeLV）との混合感染によって造血器系腫瘍の発生頻度が上昇する。

8. 腫瘍の発生メカニズム

癌は複数の遺伝子異常が蓄積した細胞が単クローン性に増殖することによって生じると考えられているが、腫瘍が増殖するに伴ってさらなる遺伝子異常が蓄積され、多様な特性を示す細胞で構成されるようになる。

腫瘍が基本的には単クローン性増殖であることは、例えば、リンパ球が増殖した病変に対して分子生物学的に検索を行うことで、病変が多クロー

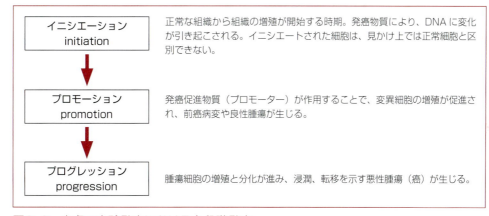

図8-8　皮膚の実験発癌における多段階発癌
皮膚癌においては、イニシエーターとして紫外線や多環芳香族炭化水素であるDMBA（7,12-dimethylbenz (a) anthracene）が、プロモーターとして炎症誘発物質であるTPA（黒とン油12-O-tetradecanoylphorbol-13-acetate）が知られる。

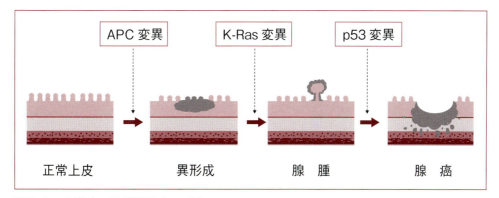

図8-9　大腸癌の多段階発癌モデル

図8-10 癌関連遺伝子の機能と腫瘍発生
正常細胞では、適切な細胞増殖が行われるが、腫瘍細胞では、癌遺伝子の機能が亢進し（アクセルが踏まれたままの状態）、癌抑制遺伝子の機能が抑制される（ブレーキが壊れた状態）ことで、過剰な細胞増殖が起こり、腫瘍が発生する。

表8-4 代表的な癌遺伝子

分類	遺伝子	備考
増殖／成長因子	int-2	線維芽細胞増殖因子ファミリー
	sis	血小板由来細胞増殖因子β鎖
受容体型チロシンキナーゼ	erb-B2	EGFなどの受容体
	kit	幹細胞因子受容体
非受体型チロシンキナーゼ	src	
細胞内シグナル伝達因子	ras	細胞内刺激伝達物質
核内転写因子	myc	転写活性化因子

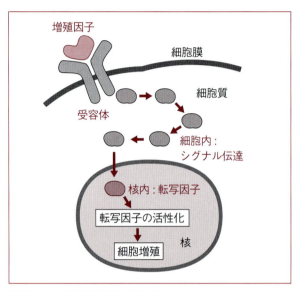

図8-11 細胞増殖シグナル
増殖／成長因子がチロシンキナーゼ（キナーゼ：リン酸化酵素）活性を有する受容体に結合することにより、細胞内シグナル伝達が次々とリン酸化されることで段階的に進み、核内の転写因子がリン酸化されることで活性化して、細胞増殖が亢進する。

ン性であれば反応性または炎症性疾患、単クローン性であればリンパ腫というように鑑別診断にも利用される。

また近年、癌での遺伝子異常にはゲノム（DNA）の異常だけでなく、遺伝子発現の調節機構の異常も関係していることが解明され、その学問領域はエピジェネティクスとよばれる。このようなDNA変異を伴わないエピジェネティックな遺伝子異常として、DNAメチル化、ヒストン修飾、non-cording RNAなどの関与が報告されている。

■ 多段階発癌説

動物を用いた化学物質の発癌実験によって、多段階発癌説が提唱されている。これは腫瘍が段階的に発生・進行するという考え方である（図8-8、8-9）。細胞は発癌物質などによりDNAに遺伝子異常を生じ（イニシエーション：initiation）、その変異細胞の増殖が促進され増殖病変を生じ（プロモーション：promotion）、さらに遺伝子変異が蓄積し、悪性への形質転換を生じて悪性度を増していく（プログレッション：progression）。イニシエーションを起こすものをイニシエーターといい、遺伝子異常を起こす（遺伝毒性作用をもつ）。プロモーションを起こすものをプロモーターという。プロモーターはイニシエーションされた細胞を選択的に増殖させる環境をつくるもので、必ずしも遺伝毒性作用をもってはいない。例えば炎症を引き起こす物質は、炎症により多くの正常細胞に障害を与える一方で、遺伝子異常をもっていることにより選択的に生き残った細胞を増殖させる状況を生みだすことで、プロモーターとして働き得る。

■ 癌関連遺伝子

その機能に異常が起こることで、腫瘍が発生する遺伝子を癌関連遺伝子という。癌遺伝子は細胞

表8-5 代表的な癌抑制遺伝子

分類	遺伝子	機能
転写因子	p53	細胞周期調節、アポトーシス誘導
プロモータ結合因子	Rb	細胞周期調節
シグナル伝達物質結合因子	APC	細胞増殖調節

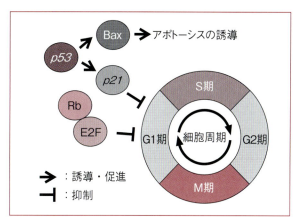

図8-12 癌抑制遺伝子と細胞周期

の増殖を亢進させる働きをもち、癌抑制遺伝子は細胞の増殖能を低下させる働きをもつ。癌遺伝子は自動車のアクセルに、癌抑制遺伝子はブレーキに例えることができる（図8-10）。

1. 癌遺伝子（oncogene）

癌遺伝子は細胞の増殖シグナルを伝達する経路に関わっている遺伝子群であり、突然変異、遺伝子増幅、染色体転座などの遺伝子変異によって機能の活性化が起こると、細胞増殖が亢進し、細胞に癌性変化が引き起こされる（表8-4、図8-11）。

癌遺伝子は、ラウス（1879～1970）が発見した鶏に肉腫を誘発するラウス肉腫ウイルスがもつ遺伝子としてはじめて同定された。その後、src遺伝子はヒトを含む哺乳類で共通して認められる遺伝子であることが花房秀三郎（1929～2009）らによって確認された。腫瘍ウイルスがもつウイルス性癌遺伝子（viral oncogene：v-onc）は、ウイルスがもつ特殊な遺伝子ではなく、宿主の細胞にも細胞性癌遺伝子（cellar oncogene：c-onc）として存在し、正常な細胞の増殖に関わっていることが明らかにされたのである。細胞性癌遺伝子はもともとの癌遺伝子であるということから、癌原遺伝子（proto-oncogene）ともよばれる。

2. 癌抑制遺伝子（tumor suppressor gene）

癌抑制遺伝子は、細胞周期制御、細胞増殖、転写制御に関わり、細胞の増殖と分化を調節している遺伝子であり、細胞の増殖を抑制している（表8-5）。この機構により、遺伝子に異常が起きた細胞など癌化する可能性のある増殖が抑えられているので、癌抑制遺伝子の発現が抑えられると腫瘍が発生しやすくなる。網膜芽細胞腫（retinoblastoma）を高率に発症する家系において、特定の相同染色体の両方の欠失で腫瘍が発生することがわかり、欠失部分に存在する原因遺伝子であるRb遺伝子が最初の癌抑制遺伝子として発見された。

Rb蛋白質はE2Fと複合体を形成しているが、リン酸化されるとE2Fの結合が解かれ、遊離したE2Fが転写因子として働き、細胞周期を促進する。p53はp21の発現を誘導し、p21は細胞周期を停止させる（図8-12）。

9. 腫瘍の種類

腫瘍はその発生母組織により、上皮性腫瘍と非上皮性腫瘍に分けられる。上皮性組織は、体表や内腔の表面を覆う被覆上皮、腺房と導管などで、表皮、呼吸器、消化器、泌尿生殖器、内分泌臓器

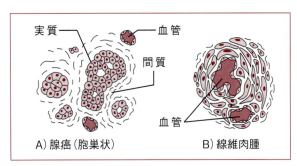

図8-13　上皮性腫瘍と非上皮性腫瘍の実質と間質
発生母組織別にみた良悪性腫瘍。

などに存在する。非上皮性組織は、上皮組織より深部にあり、結合織、脂肪組織、骨、軟骨、筋組織、血管やリンパ管、神経組織など多彩である。

　腫瘍組織では腫瘍細胞を腫瘍の実質、腫瘍細胞に誘導されて増加する非腫瘍性の結合織や血管を腫瘍の間質という。上皮性腫瘍は管腔を形成したり、充実した腫瘍塊を作り、これを血管や結合織からなる間質が取り囲む胞巣状（蜂窩状：alveolar）構造をとりやすい。非上皮系腫瘍は腫瘍実質と間質が密に入り混じって増殖する（図8-13）。

■ 上皮性腫瘍

1. 良性上皮性腫瘍

　乳頭腫と腺腫に大別される（表8-6）。

(1) 乳頭腫（papilloma）

　被覆上皮から発生し、皮膚や粘膜の表面から外方性に発育する。組織学的には樹枝状に分岐した間質を軸に腫瘍細胞が覆うように増殖する（図8-1A 参照）。

(2) 腺　腫（adenoma）

　腺上皮または分泌上皮から発生する。外分泌腺、内分泌腺、肝臓や消化管、卵巣などに生じ、組織学的には腺構造を形成して増殖する。分泌物が腺腔に貯留し拡張した腺腫を嚢（胞）腺腫（cystadenoma）という。

2. 悪性上皮性腫瘍

(1) 扁平上皮癌（squamous cell carcinoma）

　皮膚、舌、口腔、食道、呼吸器、子宮頸部などに発生し、重層扁平上皮に似た分化を示し、高分化なものでは癌胞巣の中心が角化して同心円状の層構造を作る。これを癌真珠という（図8-4 参照）。

(2) 腺　癌（adenocarcinoma）

　腺組織から発生し、腺腔構造（管状、腺房状、索状、充実性、乳頭状、篩状：図8-14）をとることが多いが、腺腔構造を示さなくても粘液などの産生があれば腺癌という。胃、大腸、膵臓、胆嚢、肺、腎臓、子宮体部、乳腺、卵巣、内分泌腺などに起こる。腺癌の特殊型として、膠様癌（粘液癌）

表8-6　代表的な上皮性腫瘍

発生母組織	代表的臓器	良性腫瘍	悪性腫瘍
重層扁平上皮	皮膚・食道	乳頭腫 papilloma	扁平上皮癌 squamous cell carcinoma
腺上皮	胃・大腸	腺腫 adenoma	腺癌 adenocarcima
肝細胞	肝臓	肝細胞腺腫 hepatocellular adenoma	肝細胞癌 hepatocellular carcinoma
移行上皮	膀胱・尿管	乳頭腫 papilloma	移行上皮癌 transitional cell carcinoma

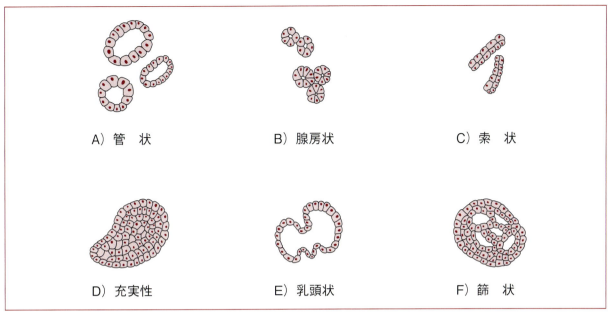

図8-14　腺癌の組織型

A）管　状　　B）腺房状　　C）索　状
D）充実性　　E）乳頭状　　F）篩　状

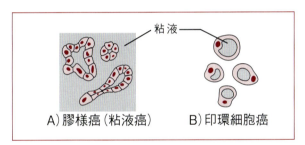

図8-15　膠様癌（粘液癌：A）と印環細胞癌（B）

A）膠様癌（粘液癌）　　B）印環細胞癌

と印環細胞癌がある（図8-15）。膠様癌は粘液を細胞外に多量に産生するために、腫瘍細胞の小集簇が粘液に浮遊しているようにみえ、印環細胞癌は細胞内に豊富な粘液を貯留し、核が辺縁に押しやられる。

■ 非上皮性腫瘍

　非上皮性腫瘍は、上皮以外の多彩な発生母組織から発生する腫瘍を総称した名称である。腫瘍もそれぞれの発生母組織を模倣してさまざまな病態を示す。主な非上皮性腫瘍を表8-7に示す。

■ 動物でみられる特徴的な腫瘍

1. 皮膚の腫瘍

　皮膚の病変は、小さなものであっても肉眼的および触診で識別されやすいこともあり、動物の腫瘍のなかでは、良性も含めて最も発生頻度が高い。

(1) 乳頭腫

　牛、馬、犬、ウサギでは、乳頭腫（パピローマ）ウイルスによって皮膚などに乳頭腫が多発する。

(2) 扁平上皮癌

　犬、猫ともに発生頻度が高い。猫では特に耳介や鼻などの顔面で、体毛が少なく、紫外線があたりやすい場所で高率で起こる。

(3) 肛門周囲腺腫

　犬で好発する腫瘍で、雄に多い。肛門周囲の発生が最も多いが、尾根部や腹側の正中線上にも起こる。腫瘍細胞は肝細胞に類似した形態を示す。

2. 軟部組織の腫瘍

(1) 犬皮膚組織球腫

　若齢犬の皮膚に好発する腫瘍で、頭頸部から前肢に好発し、ドーム状隆起を作るが、通常、自然に退縮する。

(2) 悪性組織球症

　バーニーズ・マウンテン・ドッグほか大型犬で、猫ではまれにみられる組織球の全身性腫瘍性増殖である。きわめて悪性度が強い。

表8-7　代表的な非上皮性腫瘍

発生母組織		良性腫瘍	悪性腫瘍
軟部組織	線維組織	線維腫　fibroma	線維肉腫　fibrosarcoma
	脂肪組織	脂肪腫　lipoma	脂肪肉腫　liposarcoma
	肥満細胞		肥満細胞腫　mast cell tumor
	組織球	犬の皮膚組織球腫 canine cutaneous histiocytoma	悪性組織球症 malignant histiocytomasis
筋肉	平滑筋	平滑筋腫　leiomyoma	平滑筋肉腫　leiomyosarcoma
	横紋筋	横紋筋腫　rhabdomyoma	横紋筋肉腫　rhabdomyosarcoma
骨	軟骨	軟骨腫　chondroma	軟骨肉腫　chondrosarcoma
	骨	骨腫　osteoma	骨肉腫　osteosarcoma
脈管系	血管	血管腫　hemangioma	血管肉腫　hemangiosarcoma
造血器	骨髄系組織		白血病　leukemia
	リンパ性組織		悪性リンパ腫　lymphoma
中枢神経	神経膠細胞	星状膠細胞腫※ astrrocytoma	膠芽腫※ glioblastoma
		希突起膠細胞腫 oligodendroglioma	悪性希突起膠細胞腫 Malignant oligodendroglioma
	髄膜	髄膜腫 meningioma	悪性髄膜腫 malignant meningioma
末梢神経	神経鞘	良性末梢神経鞘腫瘍 benign peripheral nerve sheath tumors	悪性末梢神経鞘腫瘍 malignant peripheral nerve sheath tumors
起源不明			血管周皮腫 canine hemangiopericytoma

※星状膠細胞由来腫瘍 astrocytic tumors はグレード（Ⅰ〜Ⅳ）により、細分類されている。ここでは、低グレード（ⅠⅡ）と高グレード（ⅢⅣ）の代表的なものをそれぞれ1つのみを提示した。

（3）肥満細胞腫

肥満細胞に由来する腫瘍で、犬では皮膚で発生頻度が高く、潜在的に悪性の性質をもつ。組織型と予後によって3段階（または、近年2段階分類も提唱されている）に分類される。高ヒスタミン血症を生じ、胃・十二指腸の潰瘍、血液凝固不良などを随伴する。

猫では犬ほど発生頻度が高くなく、良性のものが多い。

（4）ワクチン関連線維肉腫

猫でワクチン接種部位に一致してできる線維芽細胞由来の悪性腫瘍である。紡錘形腫瘍細胞が増殖する。転移はしないが、再発することが多い。

（5）犬の血管周皮腫

犬特有のもので、発生頻度が高い。皮膚に好発し、小血管を囲んで紡錘形細胞の渦巻状または指紋状配列を特徴とする。良性であるが筋間や神経束内に浸潤して摘出が難しく、再発することが多い。血管周囲細胞由来とも考えられているが、起源はいまだに異論が多い。

（6）犬の可移植性肉腫

犬の陰茎、膣など外部生殖器に好発する。交尾により伝達されるが、個体での転移はまれで、通常自然に退縮する。組織球を起源とする説もある

が、確定していない。

3. 乳腺の腫瘍
(1) 乳腺腫瘍
　犬、猫ともに発生頻度が高い。犬では2種類の上皮由来の腫瘍細胞で構成される複合腺癌や混合腫瘍が存在し、軟骨や骨への化生も多く認められることが特徴である。猫の乳腺腫瘍は1種類の上皮由来の単純腺癌がほとんどであるが、悪性度が高いものが多い。

4. 造血系・リンパの腫瘍
　骨髄系の造血細胞が悪性腫瘍性増殖する系統的疾患を白血病といい、リンパ節およびリンパ装置に生じる悪性腫瘍を総称して悪性リンパ腫という。犬と猫とともにリンパ腫のほうが発生頻度は高い。

(1) 白血病
　細胞の起源からリンパ性と骨髄性に分けられ、臨床像と腫瘍細胞の分化度で急性と慢性に分けられる。猫では猫白血病ウイルス (FeLV) が急性白血病の発症に関与する。急性骨髄性白血病は若い犬や猫に起こることが多く、慢性骨髄性白血病は急性に比べ発症年齢が高い。

(2) リンパ腫
　病変が形成される部位で分けられることも多いが、腫瘍細胞の形質によってB細胞性腫瘍とT/NK細胞性腫瘍に分類される。犬は、全身のリンパ節が腫脹する多中心型が最も多い。猫は、若齢ではFeLV感染を伴った胸腺型リンパ腫の頻度が高く、高齢ではFeLV感染との関連が少ない消化器型リンパ腫が多い。

第8章　腫　瘍　演習問題

問1 悪性腫瘍の説明として、誤ったものをひとつ選べ。
① 細胞質に対する核の割合（N/C比）が小さい
② 原因の1つにウイルスがある
③ 一般的に浸潤性の増殖を示す
④ 血行性転移やリンパ行性転移を生じやすい
⑤ 核分裂像が多い

問2 高分化型の扁平上皮癌の説明として、誤ったものをひとつ選べ。
① 角化がみられる
② 上皮性腫瘍である
③ 粘液を産生する
④ 悪性腫瘍である
⑤ 皮膚が好発部位の1つである

問3 以下用語のうち、上皮性腫瘍はどれか。
① 平滑筋腫
② 白血病
③ 血管肉腫
④ 腺腫
⑤ 肥満細胞腫

解 答

問1　正解 ① 細胞質に対する核の割合（N/C比）が小さい

　　良性腫瘍と悪性腫瘍は、肉眼的（発育形式・速さ、転移・再発、全身への影響）と病理組織学的（異型性、分化度、核分裂像、母細胞固有機能、変性・壊死・出血）などによる生物学的性状によって比較、分類される。

　　細胞質に対する核の割合（N/C比）は異型性（細胞異型）を表わすもので、一般に良性腫瘍ではN/C比が小さく、悪性になるとN/C比が大きくなる。

問2　正解 ③ 粘液を産生する

　　腫瘍細胞は発生母細胞の特徴を示し、その程度により高分化・中分化・低分化などに分類される。重層扁平上皮は粘液を産生せず、癌化しても基本的には粘液産生はみられない。扁平上皮癌は悪性上皮性腫瘍に分類され、皮膚、舌、口腔、食道、呼吸器、子宮頸部などに発生し、高分化な癌では癌胞巣の中心が角化し、癌真珠とよばれる同心円状の層構造を形成する。

　　また、もともと重層扁平上皮の有棘層でみられる細胞同士の接着装置（デスモゾーム）が観察されること（組織上では細胞間橋とよばれる）高分化型扁平上皮癌の特徴のひとつである。

問3　正解 ④ 腺腫

　　腺腫は腺上皮または分泌上皮から発生する良性上皮性腫瘍である。

　　平滑筋腫は筋肉、白血病は造血器、血管肉腫は脈管系、肥満細胞腫は軟部組織を発生母組織とする非上皮性腫瘍である。非上皮性腫瘍はその名が示すように、上皮以外の多彩な発生母組織から発生する腫瘍の総称である。

第9章
先天異常

一般目標

先天異常の概念と分類を理解する。

到達目標

1) 遺伝的要因（遺伝子異常と染色体異常）について説明できる。
2) 環境的要因の種類と胎子の発生段階との関係を説明できる。
3) 胎子が受ける障害について説明できる。

キーワード

奇形、遺伝的要因、遺伝子異常、染色体異常、環境的要因、催奇形性因子

生まれる前に生体に備わる性質を先天性（congenital）という。先天異常（congenital anomaly）とは、先天性に生じたさまざまな異常のことである。この異常には、形態学的異常（形・構造の異常）と機能的異常（働きの異常）がある。先天性の形態学的異常は、特に奇形（malformation）とよばれ、奇形のある生体や臓器は同時に機能的異常を伴うことが多い。先天異常の原因には、主に遺伝の関わる要因（遺伝的要因）と環境の関わる要因（環境的要因）がある。多くの先天異常は、これらの要因のいずれもが関わって生じる多因子遺伝と考えられる（図9-1）。

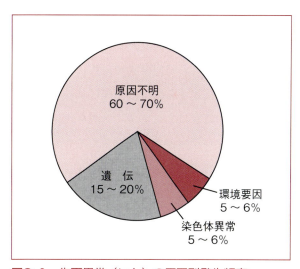

図9-1　先天異常（ヒト）の原因別発生頻度
出典：「日本産婦人科学会雑誌、61巻、1号、2009年、公益社団法人 日本産婦人科学会」より許諾を得て改変し、転載.

1. 先天異常の原因

■ 遺伝的要因

先天異常のうち遺伝的要因による異常は、遺伝子異常あるいは染色体異常に大別できる。遺伝子（gene）とは、生物の遺伝情報（アミノ酸を構成するための情報）をもったもので、DNAを材料として作られている。DNAは4種類の塩基（A：アデニン、T：チミン、G：グアニン、C：シトシ

ン）の連なり（配列）でできた鎖の二重らせん構造からできている。遺伝子異常は、この遺伝子の異常による先天異常である。

DNAの二重らせん構造は、塩基配列からなる鎖がさらに複雑に巻かれて、より大きな紐状の構造になり、この紐状の構造が1対となったものが染色体（chromosome）である。染色体には雌雄の性別を決定する性染色体（雌雄で異なる）と、それ以外の雌雄で共通にもっている常染色体の2つがある。常染色体は1対の相同染色体からなるが、対となる相同染色体は形態も情報もまったく同じ染色体である。染色体異常は、染色体の異常による先天異常である。

1. 遺伝子異常

遺伝子異常の多くは突然変異（mutation）によって発生する。突然変異とは、DNAの塩基配列のなかで、ある特定の塩基が欠損したり、置き換わったりすることで、本来必要とするアミノ酸が作られなかったり、異なるアミノ酸が作られてしまう異常である。突然変異は自然に発生する場合もあれば、後述する環境的要因によって生じることもある。これによってアミノ酸を材料として作られるタンパク質が本来とは異なるものに産生されたり、必要なタンパク質が作られなくなる。動物の体は、水を除けばほとんどがタンパク質を材料として作られている。よって遺伝子異常が起こると、体の特定の組織や臓器に異常をきたすことになる。

遺伝子異常は常染色体または性染色体の遺伝子で起こり、一般的に常染色体での発生が多い。遺伝の仕方によって優性遺伝と劣性遺伝に分けられる。優性遺伝は、染色体上に乗っている異常な遺伝情報が子孫に受け継がれると優性に発現するもので、1対の相同染色体のうち、片方にのみ異常が存在するだけで、遺伝子異常が発現するものである。一方、劣性遺伝は、1対の相同染色体の両方に異常が存在しないと発現しない。よって子孫において、優性遺伝の方が遺伝子異常を発現しやすい。性染色体に生じた遺伝子異常が優性あるいは劣性に発現する遺伝を、伴性優性遺伝または伴性劣性遺伝とよぶ。常染色体に生じた遺伝子異常が優性あるいは劣性に発現する遺伝を、常染色体性優性遺伝または常染色体性劣性遺伝とよぶ。主な遺伝性疾患を表9-1に示す。

2. 染色体異常

染色体異常は、主に染色体数の異常と染色体構造の異常に大別される。

(1) 染色体数の異常

染色体数の異常は、受精卵が減数分裂を行うなかで、染色体が均等に分離されない（不分離現象）ことによって発生する。染色対数の異常では、1対の染色体のうち片方のみしか持たないものをモノソミー（一染色体性：monosomy）という。ヒトではターナー症候群という疾患があり、本来、女性のもつ1対のX染色体がモノソミーとなっているため発症する。一方、2つで1対をなす染色体が3つで構成されるものをトリソミー（三染色体性：trisomy）という。ヒトではダウン症候群という疾患があり、ヒトのもつ22対の常染色体のうち21番目がトリソミーとなって発症する。動物では、常染色体トリソミーは多顎体やその他の異常をもたらすことが分かっている。これ以上の染色体数で構成されるものはポリソミー（多染色体性：polysomy）とよばれる。特定の染色体に限らず、すべての染色体がポリソミーになることがあり、これを多倍体性（polyploidy）という。

(2) 染色体構造の異常

染色体構造の異常は、主に染色体が切断されることによって生じ、この切断は環境的要因（例えば、放射線、薬物など）によって起こる。大部分の染色体は切断されても元通りに修復されるが、修復が不完全である場合に染色体構造の異常が生じる。染色体構造の異常には、欠失、転座、重複、逆位、環状染色体などがある（図9-2）。

表9-1　主な遺伝性疾患

遺伝形質		主な遺伝性疾患
伴性優性遺伝	サモエド Hyp マウス	糸球体腎症 ビタミンD抵抗性くる病
伴性劣性遺伝	ゴールデン・レトリーバー、猫、マウスなど 犬 犬、猫 ウェルシュ・コーギー	筋ジストロフィー 血液第Ⅷ因子欠乏症 血液凝固第Ⅸ因子欠乏症 重症複合免疫不全症
常染色体性優性遺伝	犬 犬、馬 ジャーマン・シェパード・ドッグ ドーベルマン 猫	悪性高熱症、骨形成不全 骨軟骨腫症 腎嚢胞腺癌／結節性皮膚線維症 拡張型心筋症 多発性嚢胞腎、肥大型心筋症
常染色体性劣性遺伝	犬 犬、猫、牛、羊、ラット、マウス 犬、猫、牛、羊、豚、マウス コリー ボストンテリアなど 牛 牛、ミンク、マウス	ライソゾーム病 糖原蓄積病 脂質蓄積病 眼異常 早発型遺伝性白内障 白血球粘着不全症、拡張型心筋症、 軟骨異形成症 チュディアック・東症候群

① 欠　失（deletion）

染色体の一部を喪失することであり、欠失は悪性腫瘍と関連することが多いとされる。

② 転　座（translocation）

将来子孫となる配偶子が形成される過程で、別々の相同染色体の間（例えば、3番と5番染色体の間）で遺伝情報が交換され、異常な染色体を形成してしまうものである。

③ 重　複（duplication）

同様の過程で、染色体の一部分が連続して2つ存在する異常な染色体の形成である。

④ 逆　位（invertion）

1つの染色体のうち2ヶ所に切断が起こるもので、これによって染色体の部分的な配置が異常となるものである。

⑤ 環状染色体（ring chromosome）

1つの染色体の両端が切断し、末端同士が結合することで環状の染色体を構成するものである。

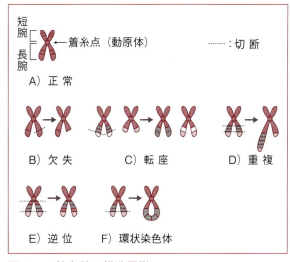

図9-2　染色体の構造異常

※逆位には、切断が腕外で起こるもの、腕内で起こるものがあり、それぞれで呼称が異なる。

（3）モザイク

モザイク（mosaic）とは、染色体の数や構造の異なる細胞が、1つの個体のなかに2種類以上で存在することである。モザイクも受精卵の不分離

現象によって発生する。同様の異常としてキメラ（chimera）というものがあるが、キメラは2個以上の異なる受精卵に由来するY染色体から構成される個体のことである。つまり異なる遺伝情報をもった細胞が、同じ受精卵に由来するものがモザイク、別々の受精卵に由来するものがキメラである。

動物実験では、ウズラ胚子の細胞を鶏胚子に移植して、ウズラ・鶏キメラが作成されている。自然発生では、牛の異性双生子（雄と雌の双子）でキメラの発生が知られている。牛の異性双生子では、それぞれの双子の胎盤が癒合し血管吻合が生じ、双子の胚子にXX型（雌の遺伝子型）とXY型（雄の遺伝子型）の両方の血球原基細胞が入り込んで定着する。このとき異性双生子の雌では、90%以上の確率で生殖器異常（間性）が生じる。このような雌牛はフリーマーチン（freemartin）とよばれ、生殖機能はなく、不妊となる。双子の雄には明らかな生殖器異常は生じない。

■ 環境的要因

遺伝的要因のみならず、胎子（母体のなかで発育過程の子）の時期に母体と胎子に関わるさまざまな環境的要因も先天異常に関係している。これには物理的要因、化学的要因、食事、感染症などさまざまな要因がある。このように、胎子に先天異常（奇形）をもたらす要因となる物質を催奇形性因子（teratogen）とよぶ。

1. 物理的要因

物理的要因としては、胎内において臍帯（へその緒）が胎子の身体の一部（頸部、四肢など）に巻き付き、締め付けることで異常をきたすことがある。また、放射線（X線など）は、特に胎子が急成長する時期に成長の著しい臓器において、奇形を生じやすいことが分かっている。超音波は、突然変異や染色体異常を発生させる可能性がある。母体が高熱状態にある場合においても、奇形が発生しやすいことが分かっている。

2. 化学的要因

さまざまな化学物質の影響によって、先天異常を発症しやすいことが分かっている。ヒトでは、過去にサリドマイド剤によって胎児に奇形（アザラシ肢症）が発症している。また、妊娠中の母親のアルコール摂取によって胎児に小頭症、成長障害などを発症する危険性が高まることが知られている。生命活動に必要な特定の物質が欠乏することによっても先天異常が発症しやすくなる。母体が貧血、心不全などで酸素不足に陥ると、胎児も酸素欠乏となり、無脳症などの先天異常が起こることがある。その他、コルチコステロイド、インスリンなどのホルモン、細胞成長を抑制する薬剤（抗がん剤など）、ある種の駆虫剤なども催奇形性のあることが知られている。コルチコステロイドの過剰投与は、口蓋裂を発症しやすくさせる。インスリンは骨格および脳に障害をもたらしやすい。性ホルモンは生殖器の形成異常を引き起こす可能性がある。

3. その他の要因：栄養素、植物、ウイルスなど

ビタミンAやDなど特定の栄養素の過剰摂取も、催奇形性に働く可能性がある。逆にこれらの栄養素の欠乏も催奇形性に働くことがあり、豚のビタミンA欠乏は、小眼球症、水頭症、横隔膜ヘルニア、口蓋裂、心欠陥、泌尿器欠陥などの奇形を生じさせることが知られている。鶏のマンガン欠乏は、軟骨異形成や雛の死亡率上昇を招く。ある種の毒物を含む植物にも催奇形性のあることが知られている。ニセヘリボリ（*Veratrum californicum*）は、ヤギの胎子に単眼症などの奇形を生じさせる。ある種のルピナス（*Lupinus* spp.）は、牛の前肢に関節弯曲症を生じさせる。イヌサフランに含まれるコルヒチンは、中枢神経障害を引き起こす可能性がある。

感染症、特にウイルス感染も先天異常の要因と

なる。ヒトでは風疹に罹患することによって奇形を生じやすいことが知られている。豚コレラウイルスは細胞の分裂と成熟を阻害し、豚の小脳症の要因となる。ブルータングウイルスは内水頭症を生じやすい。牛、ヒツジ、ヤギなどの届出伝染病であるアカバネ病（内水頭症−関節弯曲症）は、アカバネウイルスの感染によって胎子が脳炎および筋炎を起こすことが要因である。猫の汎白血球減少症ウイルスは、小脳低形成の要因となる。ウイルス以外では、コクシジウムのトキソプラズマがヒトにおいて奇形の原因となることが知られている。

2. 胎子の発生段階と環境的要因（催奇形性因子）との関係

妊娠中に催奇形性因子（例えば、薬剤、ウイルスなど）が関わることで胎子は影響を受け、さまざまな奇形が生じやすくなる。催奇形性因子の影響を最も受けやすく、奇形の起こりやすい時期を臨界期（critical period）とよんでいる。臨界期は胎子の発生段階に依存している。胎子の発生段階は卵と精子の受精に始まり、受精卵は細胞分裂（卵割）を進め、いずれ内部が空洞化した胞胚という胚（発生のごく初期の胎子の状態）を形成する。この時期を胞胚期とよび、発生のごく初期であるこの胞胚期に催奇形性因子の影響を受けた場合は、この胚の多くは死滅してしまうため奇形は生じにくい。胞胚期を過ぎ、さらに発生が進むと、さまざまな器官が形成される胎芽期（器官形成期）となる。細胞分裂が盛んに行われ、細胞の分化と器官形成が活発に行われるこの胎芽期が、最も催奇形性因子の影響を受けやすい時期であり、臨界期となる。ただし、動物種間や個々の臓器によって催奇形性因子の影響を受けやすい臨界期の時期や期間は異なる。大まかに見た場合、脳を含む中枢神経系は胎芽期の早期において催奇形性因子の影響を受けやすく、次いで心臓が影響を受けやすい時期となる。さらに頭、顔、四肢などが影響を受けやすい時期があり、これよりも遅れて生殖器系が影響を受けやすい時期になると考えられる（図9-3）。

ヒトの妊娠期間は40±2週であるが、体の基本的な器官ができる12週までが催奇形性因子の影響を受けやすく、特に胎芽期である3〜8週の危険性が最も高く、重篤な症状を発症しやすい。ヒトの風疹では、妊娠4〜8週までの感染で高頻度

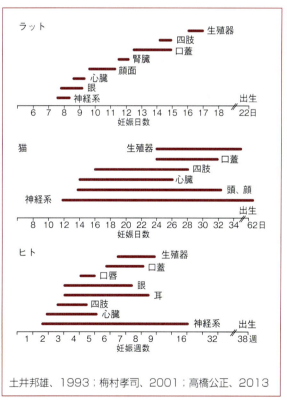

土井邦雄、1993；梅村孝司、2001；高橋公正、2013

図9-3　臨界期

出典：「高橋公正：染色体、遺伝子および発生の異常、動物病理学総論（日本獣医病理学会 偏）、第3版、P228、2013、文永堂出版」より許諾を得て転載．

に奇形が発生するのは、この時期の感染のためであろう。胎芽期の後は胎子期に入るが、この時期はさまざまな組織や器官が修復、形成される時期であり、再び奇形は生じにくくなる。

3. 奇形の成り立ちと分類

奇形とは、先天性異常のうち肉眼的にわかる形態異常を指し、とくに組織学的なレベルでの異常を組織奇形という。

■ 奇形の発生様式

1. 発育抑制

器管の形成が抑制されると器官の発育が不十分となり、正常より小さいかまったく欠如する。無形成（器官原基が欠如）、形成不全（器官原基は存在するが、器官の形成または発育がみられない）、低形成（器官原基は発育が不十分）に分けられる。

2. 癒合不全

2つまたは複数の原基の癒合により形成される器官で、この癒合機転に障害が起こると奇形が成立する。例として口蓋裂、唇裂、二分脊椎、心室中隔欠損、横隔膜ヘルニアなど

3. 分離の抑制（異常癒合）

発生過程で分離すべき器官原基の分離が抑制されること。例として合指症、眼瞼癒着、馬蹄腎

4. 過剰形成、過剰発育

生理的範囲をこえた臓器または全身の巨大発育、あるいは数の過多である。例として、多指症

5. 遺 残

正常では退化消失すべき胎児構造が残存することをいう。例として卵円孔開存、動脈管開存

6. 位置の異常

臓器全体の位置の異常から組織要素の位置の異常である。例として右心症、全内臓逆位、異所性膵

■ 奇形の分類

形態学的な奇形は、重複奇形と単体奇形に分けられ、重複奇形はさらに細分される（表8-2）。

表8-2 奇形の分類

重複奇形（二重体）		
分離二重体	対称性	
	非対称性	
結合体	対称性	
	非対称性	自生体
		寄生体

参考図書

日本獣医病理学会 編（2013）：動物病理学総論第3版、文英堂出版.
河原栄，横井豊治 監訳（2004）：ルービン カラー基本病理学、西村書店.
板倉智敏，後藤直彰 編（1994）：動物病理学総論、文英堂出版.

第9章　先天異常　演習問題

問1 遺伝子異常は、主にDNAの特定の塩基が欠損したり、置き換わったりすることで発生する。このようなDNAの異常を何というか、適切なものを以下からひとつ選べ。
① 塩基変換
② 突然変異
③ 不分離現象
④ 多倍体性
⑤ 催奇形性

問2 染色体構造の異常を示す用語について、誤ったものを以下からひとつ選べ。
① 環状染色体
② 逆位
③ 転座
④ 欠失
⑤ 転写

問3 フリーマーチンの説明として、誤ったものを以下からひとつ選べ。
① 牛の異性双生子の雌に発生する
② 牛の異性双生子では高確率で発生する
③ 牛でみられるモザイクのひとつ
④ 間性となる
⑤ 不妊となる

動物病理学

解　答

問1　正解 ② 突然変異

　遺伝子異常は、主に突然変異によって生じる。突然変異によってDNAの塩基配列が異常を来すことで、正常なアミノ酸およびタンパク質の形成ができなくなる。

問2　正解 ⑤ 転写

　染色体構造の異常は、環境的要因（例：放射線、薬物など）によって染色体が切断されることによって生じる。染色体構造の異常には、欠失、重複、転座、逆位、環状染色体などがある。

問3　正解 ③ 牛でみられるモザイクのひとつ

　フリーマーチンとは、牛の異性双生子の雌の個体に発生するキメラである。双子の雌の方には90％以上の確率で生殖器異常（間性）が生じ、生殖機能はなく、不妊となる。

索引

【あ】

- 悪液質 … 13, 103
- 悪性腫瘍 … 98, 100
- 悪性上皮性腫瘍 … 108
- 悪性組織球症 … 109
- アジソン病 … 16
- 圧迫萎縮 … 32
- 圧迫性虚血 … 53
- アトピー … 92
- アナフィラキシーショック … 65, 92
- アポトーシス … 32, 34
- アポトーシス小体 … 34
- アミロイド変性 … 22
- アラキドン酸カスケード … 77
- アルドステロン … 15
  - 分泌調節 … 16
- アレルギー … 91
- アレルギー性水腫 … 63
- アレルギー反応 … 69
- アレルゲン … 92
- アンギオテンシン … 15, 57
- 安定細胞 … 38

【い】

- 異栄養性石灰化 … 30
- 異形性,腫瘍 … 98
- 遺残 … 120
- 萎縮 … 31, 40
- 萎縮腎
  - 動脈硬化性 … 32
  - 水腎症性 … 31
- 異常核分裂 … 98
- 異常癒合 … 120
- 移植片対宿主病 … 94
- 一次感染 … 7
- 一次性ショック … 65
- 一次性脱水 … 64
- 一次リンパ器官 … 89
- 一染色体性 … 116
- 遺伝子異常 … 116
- 遺伝性疾患 … 4
- 遺伝的要因 … 115
  - 内因 … 4
- イニシエーション … 106
- 犬皮膚組織球腫 … 109
- 異物巨細胞 … 47, 81
- 異物処理 … 47
- 印環細胞癌 … 109
- インスリン依存型糖尿病 … 25
- インスリン非依存型糖尿病 … 25

【う】

- ウイルス … 8
- ウイルス性癌遺伝子 … 107
- ウィルヒョウの三徴 … 58
- 右心不全,水腫 … 63
- うっ血 … 52
  - 門脈 … 53
- うっ血硬化 … 52
- うっ血水腫 … 52, 62
- ウロビリノーゲン … 28
- ウロビリン … 29

【え】

- 永久細胞 … 38
- エイコサノイド … 77
- 栄養障害 … 7
- 栄養障害性萎縮 … 31
- 栄養性水腫 … 63
- 液化壊死 … 32
- 液性免疫 … 90
- 壊死 … 32, 43
- 壊死性炎 … 81
- 壊疽 … 34, 43
- 壊疽性炎 … 81
- エピジェネティクス … 106
- 炎症 … 69
  - 5大主徴 … 70
  - 分類 … 78
- 炎症性細胞 … 46, 74
- 炎症性充血 … 52, 71
- 炎症性水腫 … 63, 72
- エンドセリン … 57
- エンドトキシンショック … 65

【お】

- 黄疸 … 29
- オートクリン … 39
- オプソニン … 73, 87

【か】

- 外因
  - 腫瘍の発生 … 103
  - 病因 … 5
- 外因感染 … 7
- 外因系,血液凝固 … 55
- 外出血 … 54
- 可移植性肉腫,犬 … 110
- 外部寄生虫 … 9
- 潰瘍 … 43, 79
- 化学的要因 … 6
- 化学伝達物質 … 46, 70, 72, 76, 91
- 化学発癌物質 … 103
- 核
  - N/C比 … 98
  - 大小不同 … 98
  - 多形性 … 98
- 角質変性 … 22
- 獲得免疫 … 17, 87
- 核分裂 … 98
- 過形成 … 40
- 過剰形成 … 120
- 過剰発育 … 120
- 下垂体 … 12
  - ホルモン … 12
- 下垂体後葉機能低下症 … 13
- 下垂体性悪液質 … 13
- 下垂体性侏儒 … 13
- 下垂体前葉機能亢進症 … 13
- 下垂体前葉機能低下症 … 13
- 化生 … 41
- 褐色硬化 … 53
- 活性化Bリンパ球 … 90
- 活性型ビタミンD_3 … 30
- カテコールアミン … 15
- 化膿性炎 … 80
- 化膿性軟化 … 58
- 過敏症 … 91
- 硝子化 … 24
- 硝子血栓 … 58
- 硝子滴変性 … 22
- 硝子変性 … 24
- カルシウム,代謝異常 … 30
- カルシトニン … 14, 30
- 癌遺伝子 … 107
- 環境的要因 … 118
- 桿菌 … 8
- 癌原遺伝子 … 107
- 肝硬変,水腫 … 63
- 肝細胞性黄疸 … 30
- 間質 … 98
  - 腫瘍 … 108
- 環状染色体 … 117
- 癌真珠 … 23, 108
- 乾性壊疽 … 34
- 癌性胸膜炎 … 102
- 肝性水腫 … 63
- 癌性腹膜炎 … 102
- 間接ビリルビン … 29
- 癌抑制遺伝子 … 107

【き】

- 気圧,外因 … 6
- 飢餓 … 7
- 機械的因子,外因 … 5
- 奇形 … 115
  - 発生様式と分類 … 120
- 器質化 … 34, 48, 59
- 寄生虫 … 9
  - 塞栓症 … 60
- 機能障害 … 70
- 機能性腫瘍 … 103
- 機能的充血 … 52
- キメラ … 118
- 逆位 … 117
- 逆行性塞栓 … 60
- 牛海綿状脳症 … 8
- 球菌 … 8
- 吸収 … 47
- 急性炎症 … 70, 79
- 急性感染 … 8
- 凝固壊死 … 32
- 凝固系カスケード … 55
- 凝固血栓 … 58
- 局所感染 … 8
- 局所再発 … 102
- 局所性うっ血 … 52
- 虚血 … 53
- キラー細胞 … 90

菌交代現象 …… 7
筋性充血 …… 52
筋麻痺性充血 …… 52

【く】

空気塞栓症 …… 60
空胞変性 …… 22
クッシング症候群 …… 15
クラミジア …… 8
グルクロン酸抱合 …… 29
クロイツフェルト・ヤコブ病 …… 8
クローン …… 89
クロム親和細胞 …… 15

【け】

形質細胞 …… 76
形成不全 …… 40
痙攣性虚血 …… 53
血液凝固因子 …… 55
血液凝固系 …… 54, 55
　　外因系 …… 55
　　カスケード …… 55
　　内因系 …… 55
血管運動神経性充血 …… 52
血管外遊出（遊走） …… 72
血管周皮腫，犬の …… 110
血管閉塞性ショック …… 65
血行静止 …… 72
血行性転移 …… 102
欠　失 …… 117
血　腫 …… 54
血漿膠質浸透圧 …… 63
血小板活性化因子 …… 77
結　石 …… 31
結石疝痛 …… 31
血　栓
　　器質化 …… 59
　　形成条件 …… 58
　　再疎通 …… 59
　　種類 …… 57
　　融解・軟化 …… 58
血栓症 …… 57
血栓塞栓症 …… 60
血鉄症ヘモジデローシス …… 28
血流量分布不均衡性ショック …… 65
ケミカルメディエーター …… 46, 70, 72, 76, 91
鹸　化 …… 34
減数分裂 …… 38
原　虫 …… 9
原発性アルドステロン症 …… 15
原発巣 …… 101

【こ】

高異型性 …… 99
好塩基球 …… 75
硬　癌 …… 98
抗菌ペプチド …… 87
抗　原 …… 86, 87
抗原提示 …… 86
抗原特異性 …… 87
抗原レセプター …… 88
交叉性塞栓 …… 60
好酸球 …… 74
鉱質コルチコイド …… 15
膠質浸透圧 …… 62
恒常性 …… 11
甲状腺 …… 13
甲状腺機能亢進症 …… 14
甲状腺機能低下症 …… 14
　　粘液変性 …… 23
甲状腺ホルモン …… 13
　　作用 …… 15
腔水症 …… 62
咬　創 …… 42
構造異型 …… 98, 99
梗　塞 …… 53, 61
　　Zahn …… 61
　　肝臓 …… 61
　　種類 …… 61
抗　体 …… 91
好中球 …… 74, 86
後天性免疫 …… 85
高分化，腫瘍 …… 99, 101
肛門周囲腺腫 …… 109
膠様癌 …… 108
後葉ホルモン …… 12
抗利尿ホルモン …… 64
骨芽細胞 …… 47
骨性仮骨 …… 47
コルチゾール …… 15
コレステロール …… 26
混合血栓 …… 58
混合腫瘍 …… 99
混濁腫脹 …… 22

【さ】

催奇形性因子 …… 119
細　菌 …… 8
細菌性ショック …… 65
細菌塞栓症 …… 60
サイクリン …… 39
サイクリン依存性キナーゼ …… 39
サイクリン依存性キナーゼ抑制因子 …… 39
再　生 …… 44
再疎通 …… 59
サイトカイン …… 72, 78
再　発 …… 102
細胞異型 …… 98
細胞周期 …… 37
細胞性癌遺伝子 …… 107
細胞性免疫 …… 89
細胞内脱水 …… 64
細胞浮腫 …… 64
細胞分裂 …… 37
サイロキシン …… 13
挫　傷 …… 43
左心不全，水腫 …… 63
挫　創 …… 42
擦過創 …… 42

三染色体性 …… 116

【し】

色素沈着症 …… 27
シグナル伝達 …… 39
止血機構 …… 57
自己寛容 …… 89
自己抗原 …… 89, 93
自己免疫疾患 …… 93
脂質（蓄積）症 …… 27
自然免疫 …… 17, 85
刺　創 …… 42
持続感染 …… 8
実　質，腫瘍 …… 108
湿性壊疽 …… 34
紫　斑 …… 54
脂肪壊死 …… 34
脂肪化 …… 26
脂肪症 …… 26
脂肪塞栓症 …… 60
脂肪変性 …… 26
充　血 …… 52
重　複 …… 117
宿　主 …… 94
樹状細胞 …… 86
腫　脹 …… 70
出　血 …… 53
　　種類 …… 54
出血性炎 …… 80
出血性梗塞 …… 61
出血性ショック …… 54, 65
出血性素因 …… 54
腫　瘍 …… 97
　　異形性 …… 98
　　外因 …… 103
　　間質 …… 108
　　実質 …… 108
　　種類 …… 107
　　増殖 …… 101
　　内因 …… 104
　　肉眼的形態 …… 98
猫白血病ウイルス（FeLV） …… 105, 111
猫免疫不全ウイルス（FIV） …… 105
　　分化度 …… 98, 99, 101
腫瘍ウイルス …… 104
腫瘍抗原 …… 103
主要組織適合遺伝子複合体 …… 86, 90, 94
循環血液量減少性ショック …… 65
循環障害
　　組織液 …… 62
　　リンパ液 …… 63
漿液性炎 …… 80
静水圧 …… 62
常染色体性優性遺伝 …… 116
常染色体性劣性遺伝 …… 116
上皮小体 …… 14
上皮小体機能亢進症 …… 15
上皮小体機能低下症 …… 15
上皮小体ホルモン …… 14, 30
上皮性腫瘍 …… 108
上皮内癌 …… 101

静脈性塞栓	59
静脈性傍側循環	53
初期癌	101
食細胞	86
ショック	64
出血性	54
分類	64
自律性増殖	97
真菌	9
心筋梗塞	61
神経原生ショック	65
神経性萎縮	32
神経性虚血	53
心原性ショック	65
進行癌	101
滲出	70
滲出液	72
滲出性炎	80
浸潤	98
浸潤癌	101
心性水腫	63
腎性水腫	63
心臓病細胞	53
じんま疹	92

【す】

髄外造血	44
水腫	62, 70
分類	63, 65
毛細血管透過性	63
水腫性硬化	52
水腫変性	22
水腎症	31
水腎症性萎縮腎	31
水喪失, 脱水	64
髄様癌	98
数的萎縮	31
スクレイピー	8
ステルコビリン	29

【せ】

性染色体	116
正のフィードバック	12
生物的要因	7
性別, 内因	4
生理的萎縮	31
生理的炎症	69
生理的充血	52
赤色血栓	58
赤色梗塞	61
石灰化	30
石灰沈着	30
切創	42
絶対飢餓	7
セロトニン	77
線維素	55
線維素性炎	80
線維素溶解系	56
穿孔	43
腺腫	108

染色体異常	116
全身感染	8
全身性うっ血	52
蠕虫	9
穿通	43
先天異常	115
先天性免疫	85
線溶系	54, 56
前葉ホルモン	12

【そ】

走化性	73
早期癌	101
創傷	
治癒	45
分類	42
即時型アレルギー	91
塞栓	
経路	59
種類	60
転帰	60
塞栓症	59
側副路	53
組織液, 循環障害	62
組織トロンボプラスチン	55

【た】

第一次治癒	47
体細胞分裂	38
代謝異常	
カルシウム	30
メラニン	26
代償性虚血	53
代償性充血	52
代償性肥大	41
大小不同, 核	98
第二次治癒	47
多因子遺伝	115
多核巨細胞	81
多形性, 核	98
多染色体性	116
多臓器不全	64
多段階発癌説	106
脱顆粒	73
脱水症	63
脱分化	99
単球	75
単クローン性増殖	105
胆色素	28
胆汁性肝硬変	31
単純萎縮	31
胆石	31

【ち】

チアノーゼ	52
遅延型アレルギー	92
中毒	6
中分化, 腫瘍	101
直接ビリルビン	29

チロシン	28

【つ】

痛風	24

【て】

低異型性	99
低分化, 腫瘍	99, 101
適応反応	40
転移	101
転移性再発	102
転移性石灰化	30
電気, 外因	6
電解質コルチコイド	15
転座	117

【と】

糖原蓄積症	26
糖原病	26
糖質コルチコイド	15
凍傷	5
疼痛	70
糖尿病	24
分類	25
動物種, 内因	4
動脈硬化性萎縮腎	32
動脈性塞栓	59
トール様受容体	87
突出	98
突然変異	116
ドナー	94
トリグリセリド	26
トリソミー	116
トリヨードサイロニン	13
トロンボプラスチン	55
貪食	47

【な】

ナイーブBリンパ球	90
内因	
腫瘍	104
病因	4
内因感染	7
内因系, 血液凝固	55
内出血	54
内部寄生虫	9
内分泌, フィードバック	12
内分泌性萎縮	32
ナチュラルキラー細胞	90
ナトリウム喪失, 脱水	64
軟化嚢胞	54, 61, 63
軟骨芽細胞	47
軟骨性仮骨	47

【に】

肉芽腫	81
肉芽組織	44, 46

【に】

- にくずく肝 …… 53
- 二次感染 …… 7
- 二次性ショック …… 65
- 二次性脱水 …… 64
- 二次リンパ器官 …… 89
- 乳腺腫瘍 …… 111
- 乳頭腫 …… 108, 109
- 尿石 …… 31
- 尿崩症 …… 13

【ね】

- ネクローシス …… 32
- 猫白血病ウイルス（FeLV）腫瘍 …… 105, 111
- 猫免疫不全ウイルス（FIV）腫瘍 …… 105
- 熱感 …… 70
- 熱射病 …… 5
- 熱傷 …… 5
- 熱中症 …… 5
- 粘液癌 …… 108
- 粘液水腫 …… 23
- 粘液変性 …… 24
- 粘膜内癌 …… 101
- 年齢, 内因 …… 4

【の】

- 膿 …… 70
- 膿血症 …… 58
- 脳梗塞 …… 61
- 嚢（胞）腺腫 …… 108
- 膿瘍 …… 79
- 膿様軟化 …… 58

【は】

- 敗血症性ショック …… 65
- 肺血栓性塞栓症 …… 65
- 肺梗塞 …… 61
- 廃用萎縮 …… 32
- 白色血栓 …… 57
- 白色梗塞 …… 61
- 破骨細胞 …… 47
- パターン認識分子 …… 87
- 破綻性出血 …… 54
- 発育抑制 …… 120
- 発癌物質 …… 103
- 白血病 …… 111
- パラクリン …… 39
- パラソルモン …… 30
- 瘢痕 …… 44
- 瘢痕化 …… 34, 47, 79
- 瘢痕組織 …… 46
- 瘢痕治癒 …… 79
- 播種 …… 102
- 播種性血管内凝固 …… 59
- 伴性優性遺伝 …… 116
- 伴性劣性遺伝 …… 116

【ひ】

- 非上皮性腫瘍 …… 109
- ヒスタミン …… 77, 91
- 肥大 …… 40
  - 機械的抑制 …… 41
  - ホルモン性 …… 41
  - 慢性刺激 …… 41
- ビタミンD …… 30
- ビタミンK …… 55
- ビタミンK依存性因子 …… 55
- 被包化 …… 34, 47
- 肥満細胞 …… 75, 91
- 肥満細胞腫 …… 103, 110
- 病因 …… 4
- 病的炎症 …… 69
- 病的石灰沈着 …… 30
- 病理学 …… 3
- 日和見感染 …… 7
- びらん …… 43, 79
- ビリベルジン …… 28
- ビリルビン …… 28
  - 代謝 …… 29
- 貧血性萎縮 …… 32
- 貧血性梗塞 …… 61
- 品種, 内因 …… 4

【ふ】

- 不安定細胞 …… 38
- フィブリノイド変性 …… 22
- フィブリノゲン …… 55
- フィブリノゲン分解産物 …… 56
- フィブリン …… 55
- フィブリン血栓 …… 58
- フィブリン分解産物 …… 56
- 副腎 …… 15
- 副腎皮質機能亢進症 …… 15
- 副腎皮質機能低下症 …… 16
- 浮腫 …… 62, 70
  - 分類 …… 63, 65
- 物理的要因, 外因 …… 5
- 負のフィードバック …… 12
- プラスミノーゲン …… 56
- プラスミノーゲンアクチベータ …… 56
- プラスミン …… 55, 56
- フリーマーチン …… 118
- プリオン …… 8
- プリン体 …… 24
- プログレッション …… 106
- プロモーション …… 106
- 分化度, 腫瘍 …… 99
- 分離血栓 …… 57

【へ】

- 閉塞性黄疸 …… 30
- 閉塞性虚血 …… 53
- ヘマトイジン …… 28
- ヘモクロマトーシス …… 28
- ヘモジデリン …… 28
- ヘルパーTリンパ球 …… 90
- 変性 …… 21
- 扁平上皮癌 …… 23, 108, 109

【ほ】

- 放射線障害, 外因 …… 5
- 傍側循環 …… 53
- 膨張性（圧排性） …… 101
- 補空性水腫 …… 63
- 補体 …… 73, 78, 87
- 発赤 …… 70
- ホメオスタシス …… 11
- ポリソミー …… 116
- ホルモン産生腫瘍 …… 103

【ま】

- マクロファージ …… 75, 86
- マスト細胞 …… 91
- 末期癌 …… 101
- 慢性うっ血 …… 53
- 慢性炎症 …… 79, 81

【み】

- ミイラ化 …… 34
- ミトコンドリア …… 22
- 未分化, 腫瘍 …… 101

【め】

- メラニン …… 26
  - 代謝異常 …… 26
- 免疫記憶 …… 17, 89
- 免疫グロブリン …… 91

【も】

- 毛細血管静水圧 …… 62
- 毛細血管透過性 …… 63
- モザイク …… 117
- モノソミー …… 116

【や】

- 火傷 …… 5

【ゆ】

- 融解壊死 …… 32
- 優勢遺伝 …… 116
- 遊走 …… 72
- 癒合不全 …… 120

【よ】

- 溶血性黄疸 …… 29

【ら】

- らせん状菌 …… 8
- ラングハンス型巨細胞 …… 81

【り】

- リケッチア ……………………………… 8
- リゾチーム ……………………………… 87
- リポ蛋白 ………………………………… 26
- リポフスチン …………………………… 28
- リモデリング …………………………… 47
- 良性腫瘍 ………………………………… 100
- 良性上皮性腫瘍 ………………………… 108
- 臨界期 …………………………………… 119
- リン脂質 ………………………………… 26
- リンパ液, 循環障害 …………………… 63
- リンパ球 ……………………… 76, 86, 87
- リンパ行性転移 ………………………… 101
- リンパ腫 ………………………………… 111
- リンパ性水腫 …………………………… 63

【る】

- 類骨 ……………………………………… 47
- 類上皮細胞 ………………………… 76, 81
- 類線維素変性 …………………………… 22

【れ】

- レシピエント …………………………… 94
- 劣性遺伝 ………………………………… 116
- 裂創 ……………………………………… 42
- レニン - アンギオテンシン …………… 15

【ろ】

- ロイコトリエン ………………………… 91
- 瘻 ………………………………………… 43
- 漏出 ……………………………………… 70
- 漏出液 …………………………………… 71
- 漏出性出血 ……………………………… 54
- 労働性肥大 ……………………………… 41

【わ】

- ワーラー変性 …………………………… 44
- ワクチン関連線維肉腫 ………………… 110

【欧文ではじまる語】

- Ⅰ型糖尿病 ……………………………… 25
- Ⅱ型糖尿病 ……………………………… 25
- ATP 低下 ……………………………… 32
- B リンパ球 ………………………… 76, 87
- C 型レクチン …………………………… 87
- IgE 抗体 ………………………………… 91
- MHC クラスⅠ ………………………… 90
- MHC クラスⅡ …………………… 86, 90
- N/C 比 …………………………………… 98
- NK 細胞 ………………………………… 90
- T リンパ球 ………………… 76, 86, 87

【欧文】

- ADH …………………………………… 64
- apotosis ………………………………… 34
- ardosterone …………………………… 15
- atrophy …………………………… 31, 40
- bilirubin ………………………………… 28
- BSE ……………………………………… 8
- catecholamine ………………………… 15
- cdk ……………………………………… 39
- chimera ………………………………… 118
- CKI ……………………………………… 39
- congestion ……………………………… 52
- cortisol ………………………………… 15
- cyclin …………………………………… 39
- degeneration …………………………… 21
- DIC ……………………………………… 59
- edema …………………………………… 62
- embolism ……………………………… 59
- fibrin …………………………………… 55
- freemartin ……………………………… 118
- hemorrhage …………………………… 53
- hemosiderin …………………………… 28
- homeostasis …………………………… 11
- hyperemia ……………………………… 52
- hyperplasia …………………………… 40
- hypertrophy …………………………… 40
- infarction ……………………………… 61
- inflamation …………………………… 69
- ischemia ………………………………… 53
- lipofuscin ……………………………… 28
- malformation ………………………… 115
- melanin ………………………………… 28
- metaplasia ……………………………… 41
- MHC ………………………… 86, 90, 94
- MOF …………………………………… 64
- mutation ……………………………… 116
- necrosis ………………………………… 32
- PAF ……………………………………… 77
- parathyroid hormone (PTH) …… 14, 30
- pathology ………………………………… 3
- regeneration …………………………… 44
- thyroxine (T4) ………………………… 13
- TLR ……………………………………… 87
- toxic shock syndrome ………………… 66
- triiodethyronine (T3) ………………… 13
- tumor …………………………………… 97
- Virchow's triad ………………………… 58

索引

動物看護学教育標準カリキュラム準拠

専門基礎分野　動物病理学

2015年3月31日　第1版第1刷発行

編　者　全国動物保健看護系大学協会　カリキュラム検討委員会　編
監修者　湯本典夫
発行人　西澤行人
発行所　株式会社インターズー
〒150-0002　東京都渋谷区渋谷1丁目3-9　東海堂渋谷ビル7階
Tel.03-6427-4571（代表）／Fax.03-6427-4577
業務部（受注専用）Tel.0120-80-1906／Fax.0120-80-1872
振替口座00140-2-721535
E-mail : info@interzoo.co.jp
Web Site : http://www.interzoo.co.jp/

表紙・本文フォーマット　秋山智子
編集協力　プロジェクトエス
イラスト・組版・印刷・製本　株式会社創英

乱丁・落丁本は、送料小社負担にてお取替えいたします。
本書の内容の一部または全部を無断で複写・複製・転載することを禁じます。
Copyright © 2015 Interzoo Publishing Co., Ltd. All Rights Reserved.
ISBN978-4-89995-811-6　C3047